ISOTOPENPRAXIS

20. JAHRGANG

1984

AKADEMIE-VERLAG

An unsere Autoren

Die Zeitschrift veröffentlicht Beiträge zu folgenden Themen: Kontrolle und Analyse radioaktiver und stabiler Isotope, Anwendung radioaktiver und stabiler Isotope in allen Gebieten der Forschung und Technik, der Industrie, Landwirtschaft und Medizin, Herstellung radioaktiver und stabiler Isotope sowie von markierten Verbindungen, kernelektronische Geräte für die Isotopenanwendung (Dickenmesser, Dichtemesser u. ä.) Detektoren für isotopentechnische Arbeiten und den Strahlenschutz in Isotopenlaboratorien, Meßtechnik und Strahlenschutz, Dosimetrie in Isotopenlaboratorien, kerntechnische Geräte für die Isotopenanwendung (Beton, Bestrahlungsanlagen u. ä.), Strahlenchemie, Radiochemie, ökonomische und perspektivische Fragen, Fragen der Weiterbildung.

1. Aufnahme von Manuskripten

Zur Veröffentlichung angenommen werden nur druckreife, noch nicht anderweitig publizierte Beiträge in deutscher, englischer oder russischer Sprache zum Themenbereich der Zeitschrift und zwar

Originalarbeiten
Kurze Mitteilungen
Aus der Praxis
Zusammenfassende Berichte
Tagungsberichte
Informationen.

Sind der Beitrag oder Teile daraus bereits veröffentlicht oder ist eine anderweitige Veröffentlichung vorgesehen, so muß dies der Redaktion mit genauer Angabe der Zweitveröffentlichung mitgeteilt werden. Mit der Annahme des Manuskriptes behält sich der Verlag das Recht der Vervielfältigung, Verbreitung und Übersetzung innerhalb der gesetzlichen Schutzfrist vor. Auszugsweiser Nachdruck oder photomechanische u. a. Wiedergabe sind an eine schriftliche Genehmigung des Verlages gebunden. Manuskripte, Zeichnungen und Photos von veröffentlichten Arbeiten werden nur auf den besonderen und bis zum Zeitpunkt der Veröffentlichung mitgeteilten Wunsch des Autors zurückgesandt.
Bei der unverlangten Einreichung von Manuskripten wird empfohlen, eine Befürwortung eines der Herausgeber oder Redaktionsausschußmitglieder beizufügen.
Manuskripte sind einzureichen bei der Redaktion, 1086 Berlin, Leipziger Str. 3—4.

2. Form der Manuskripte

Die Autoren werden gebeten:
2 Manuskripte, eines davon in Original-Maschinenschrift, einseitig und mit 2zeiligem Abstand einzureichen; gut leserliche Photokopien sind zulässig; auf dem 1. Blatt (unter Weglassung der Bezeichnung)
den Titel der Arbeit
Vorname-Initialen und Namen sämtlicher Autoren
gegebenenfalls die Institution, in der sie tätig sind
eine kurze Zusammenfassung der Arbeit von höchstens 15 Zeilen
Keywords in alphabetischer Reihenfolge und
als Fußnote die Anschrift der Institution anzugeben;
wenn möglich, auf gesonderten Blättern Namen, Titel der Arbeit und Zusammenfassung in den beiden anderen obengenannten Sprachen 2fach beizufügen;
Literaturhinweise (fortlaufend numeriert), Fußnoten, Tabellen, Abbildungen (in 2—3facher Veröffentlichungsgröße), Abbildungsunterschriften (getrennt von den Abbildungen mit Zeichenerklärungen, Quellenangaben, falls erforderlich, und gegebenenfalls mit einem Vermerk für besondere Wünsche bezüglich der Abbildungsgröße), private und Dienstanschrift der Verfasser mit akademischen Titeln und ausgeschriebenen Vornamen auf besonderen Blättern ans Ende des Manuskriptes zu stellen;

Wünsche für den Kolumnentitel (Seitenüberschrift) bekanntzugeben;
Absätze durch Einzüge von mindestens 3 Anschlägen kenntlich zu machen;
die Maßeinheiten des SI-Systems („Systeme International") zu verwenden;
Korrekturen im Manuskript unmittelbar an der zu korrigierenden Stelle anzubringen;
Formeln deutlich lesbar und möglichst groß einzutragen;
Farbabbildungen und nachträgliche Änderungen oder Ergänzungen in Abbildungen zu vermeiden;
hervorzuhebende Textstellen zu unterstreichen, und zwar halbfetten Satz mit einer geraden schwarzen Linie, kursiven Satz (Schrägschrift) mit einer blauen Wellenlinie (alle Eigennamen). Sperrungen gestrichelt;
besondere Buchstaben durch farbige Unterstreichung zu kennzeichnen, und zwar Formelzeichen in

Griechisch-Kursiv (α, β, ...) rot,
Kursiv (A, B, ...) blau
halbfetter Kursiv ($\boldsymbol{A}$, $\boldsymbol{B}$, ...) 2 Linien blau (Vektoren),
halbfetter Grotesk (**A**, **B**, ...) 2 Linien violett (Tensoren);

bei Literaturangaben auf Vollständigkeit zu achten. In nachstehender Reihenfolge müssen angegeben sein:

a) bei *Zeitschriften*: Vorname-Initialen und Namen sämtlicher Autoren, Titel der Zeitschrift (nach „Periodica Chimica" oder möglichst wenig gekürzt), Bandnummer (unterstrichen), Jahreszahl (in Klammern) Heftnummer (nur bei Zeitschriften, die jedes Heft mit S. 1 beginnen) sowie die Seitenzahl, auf der die zitierte Arbeit beginnt.

b) bei *Büchern*: Initialen der Vornamen und Name des Autors (Herausgeber werden durch den Zusatz „ed." gekennzeichnet), voll ausgeschriebener Titel des Buches in der Originalsprache, evtl. Bandnummer, voll ausgeschriebener Name des Verlages, Nummer der Auflage (außer der ersten), Erscheinungsort(e), Erscheinungsjahr (hier nicht in Klammern setzen!) und evtl. Kapitelnummer, Seitenzahl u. ä.

c) bei *Sammelbänden, Tagungsberichten*: Es soll zusätzlich der Titel des zitierten Beitrags angegeben werden. Die Seitenzahl muß unbedingt angegeben werden. Aus dem Zitat muß hervorgehen, ob es sich um einen Tagungssammelband oder um einen noch nicht veröffentlichten Vortrag handelt. Zwischen Tagungsort und Erscheinungsort des entsprechenden Tagungsberichts ist zu unterscheiden.

3. Korrekturen

Der Autor erhält zwei Umbruchabzüge, von denen einer möglichst schnell korrigiert an die Redaktion zurückgereicht werden soll. Auf Wunsch des Autors kann die Korrektur auch von der Redaktion gelesen werden.

Durch nachträgliche Manuskriptänderungen verursachte Korrekturkosten gehen, sofern sie 10% der Satzkosten übersteigen, zu Lasten des Autors.

Der Autor erhält 50 Sonderdrucke kostenlos. Weitere Sonderdrucke können bis zur Rückgabe der Korrekturabzüge auf Kosten des Autors bei der Redaktion bestellt werden.

Bezugsmöglichkeiten

Bestellungen sind zu richten

— **in der DDR** an den Postzeitungsvertrieb unter Angabe der Kundennummer des Bestellenden oder an den AKADEMIE-VERLAG, DDR-1086 Berlin, Leipziger Straße 3—4, PF-Nr. 1233;
— **im sozialistischen Ausland** an eine Buchhandlung für fremdsprachige Literatur oder an den zuständigen Postzeitungsvertrieb;
— **in der BRD und Berlin(West)** an eine Buchhandlung oder an die Auslieferungsstelle KUNST UND WISSEN, Erich Bieber OHG, Wilhelmstraße 4—6, D-7000 Stuttgart 1;
— **in den übrigen westeuropäischen Ländern** an eine Buchhandlung oder an die Auslieferungsstelle KUNST UND WISSEN, Erich Bieber GmbH, Dufourstraße 51, CH-8008 Zürich;
— **im übrigen Ausland** an den Internationalen Buch- und Zeitschriftenhandel; den Buchexport, Volkseigener Außenhandelsbetrieb der Deutschen Demokratischen Republik, DDR-7010 Leipzig, Postfach 160; oder an den AKADEMIE-VERLAG, DDR-1086 Berlin, Leipziger Straße 3—4.

Zeitschrift „Isotopenpraxis"

Herausgeber: Im Auftrag des Akademie-Verlages herausgegeben von Prof. Dr. Justus Mühlenpfordt.
Verlag: Akademie-Verlag, DDR-1086 Berlin, Leipziger Straße 3—4, PF-Nr. 1233; Fernruf: 2236229; Telex-Nr.. 114420;
Bank: Staatsbank der DDR, Berlin, Kto.-Nr.: 6836-26-20712.
Verantwortlich für den Inhalt des Heftes: Prof. Dr. H. Hübner, Leipzig.
Anschrift der Redaktion (Fernruf Frau H. Schier: 6351177) der Zeitschrift Isotopenpraxis: Akademie-Verlag, DDR-1086 Berlin, Leipziger Str. 3—4, PF-Nr. 1233
Veröffentlicht unter der Lizenznummer 1527 des Presseamtes beim Vorsitzenden des Ministerrates der Deutschen Demokratischen Republik.
Gesamtherstellung: VEB Druckerei „Thomas Müntzer", DDR-5820 Bad Langensalza.
Erscheinungsweise: Die Zeitschrift „Isotopenpraxis" erscheint monatlich. Die 12 Hefte eines Jahrganges bilden einen Band. Bezugspreis je Band 216,— M zuzüglich Versandspesen Preis je Heft 18,— M.
Bestellnummer dieses Bandes: 1079/20.

AN (EDV) 12831

Autoren- und Inhaltsverzeichnis

* = zusammenfassender Bericht bzw. Fortschrittsbericht

A

Abbas, E. Z., *siehe* Hafiez, A. A.; Ismail, A. A.

Abdel-Hafez, M. A., *siehe* Hafiez, A. A.

Abdel-Salam, E., *siehe* Hafiez, A. A.

Abd Elsamie, S., *siehe* Aly, A. I. M.

Al-Liabi, N. A., *siehe* Sayed, A. M.

Aly, A. I. M., M. S. Hamza, A. H. Hashad, F. M. Swailem, S. Abd Elsamie, Fraktionierung stabiler Kohlenstoffisotope und Genese einiger Rohölvorkommen in Ägypten (*engl.*) — 5/180

—, M. A. Mohamed, Kinetische Untersuchung der ^{15}N-Isotopenfraktionierung von Ammonium-Düngemitteln in ägyptischen Böden (*engl.*) — 1/27

—, *siehe auch* Swailem, F. M.

B

Babanskaja, J., *siehe* Niese, S.

Babikowa, Ju. F., A. A. Gusakow, S. S. Kasakow, W. M. Minajew, Stand und Perspektiven der Aktivierungs--Autoradiographie (*russ.*) — 12/446

Baranyai, L., Traceuntersuchungen zur gleichzeitigen Homogenisierung und Segregation in industriellen Ausrüstungen (*engl.*) — 1/16

Baumbach, H., Untersuchung der Feuchtigkeitsmigration im Beton eines speziellen Testgebäudes unter simulierten Lastbedingungen (*engl.*) — 1/24

—, K. Fichtler, R. Melzer, D. Tietze, H. Ullrich, Bestimmung von Dichteschwankungen in Strahlenschutzwänden aus Beton mit Hilfe von 10-MeV-Röntgenbremsstrahlung eines Linearbeschleunigers (*engl.*) — 2/53

Becker, S., *siehe* Dietze, H.-J.

Bernhard, G., O. Hladik, Zur Iodverflüchtigung aus Kernbrennstofflösungen — 10/394

Bernhardt, R., Stand und Entwicklungstendenzen der radiometrischen Flächenmassemeßtechnik — *4/119

Bilewicz, A., J. Narbutt, Konzentration und Abtrennung von radioaktivem Cs aus Reaktorwasser unter Verwendung von Ti-Hexacyanoferrat (*engl.*) — 4/141

Birkholz, W., Automatisierter Probenwechsler zur Messung von β-Aktivitäten — 10/392

Birnstein, D., *siehe* Helbig, W.

Boden, G., H.-J. Lincke, Erfahrungen beim Einsatz von strahlenresistentem synthetischem Kieselglas — 11/432

Bojadshiew, L., Dreiphasen-Flüssigkeits-Extraktion oder flüssige Membranen (*russ.*) — 9/345

Bondarenko, Yu. I., A. B. Medwedew, W. S. Rudenko, Anwendung eines kleineren Deuteronenbeschleunigers zur aktivierungsanalytischen Schnellbestimmung (*russ.*) — 6/232

Borany, J. von, *siehe* Niese, U.

Brankoff, T., Zur Stabilität von [methyl-^{3}H]Thymidin-5′-triphosphat — 2/73

Branžovský, J., *siehe* Kuchař, L.

Burić, A., *siehe* Zmbova, B.

C

Cabicar, J., K. Štamberg, Neuer kinetischer Isotopieeffekt in Ionenaustauscher- und Lösungsmittel-Extraktions-Systemen (*engl.*) — 5/173

Cecal, Al., Anwendung der Isotopenverdünnung zur Untersuchung von Korrosionsprozessen in Metallen — 1/9

—, Innere isotopische Verdünnung — 7/259

Cholkin, A. I., W. I. Kusmin, Die Binärextraktion (*russ.*) — 9/339

D

De Corte, F., A. Demeter, Lin Xilei, L. Moens, A. Simonits, A. De Wispelaere, J. Hoste, Bewertung der k_0-Methode anhand ihrer Anwendung auf die (n, γ)-RNAA von geologischem, Umwelt- und Ton-Bezugsmaterial (*engl.*) — 6/223

Dedenkow, A. N., *siehe* Karpow, W. L.

Demeter, A., *siehe* De Corte, F.

Dereziński, M., N. Paź, O. Kodl, I. Šnobr, M. Peter, H. Rothe, K. Günther, K. Helmstädter, H. Lundie, RGW-Vergleich der Normalmeßeinrichtungen zur Darstellung und Weitergabe der Expositionsdosis von Quantenstrahlung im Röntgen-Anregungsspannungsbereich von 8 – 60 kV — 4/149

De Wispeleare, A., *siehe* De Corte, F.

Dietze, H.-J., S. Becker, Spurenanalyse an ^{99}Tc-Verbindungen mittels Funkenquellen-Massenspektrographie — 7/279

—, S. Becker, P. Franke, C. Weiss, J. Reinhold, Untersuchungen zur Bildung von positiven Clusterionen unterschiedlicher Ladungszahl des Silizium-Graphit-Systems im Funkenplasma — 7/281

Djokić, D., *siehe* Zmbova, B.

Domschke, S., *siehe* Mende, T.

Dostal, K.-P., Zum 50. Todestag von *Marie Curie* — 7/243

—, E. Hartmann, W. Stuchlik, Zur Zerfallskonstanten der inneren Konversion von ^{99m}Tc im metallischen Zustand — 12/443

—, M. Nagel (†), A. Freyer, Radioaktive Umwandlung des Nuklids ^{99m}Tc im Kaliumhexafluorotechnetat — 6/205

Drápala, J., *siehe* Kuchař, L.

Dshandshgawa, B. S., *siehe* Kaminski, W. A.

Dubnack, J., *siehe* Rudolph, K.-P.

E

Eichler, B., H. Rossbach, Stabilität der Polonide der Übergangsmetalle sowie des Kupfers, des Silbers und des Goldes — 12/454

El Agrami, A., *siehe* Kadry, N.

El-Hefnawy, N., *siehe* Hafiez, A. A.

El-Kalla, H., *siehe* Megahid, R. M.

El-Kirdassy, Z. H., *siehe* Hafiez, A.A.

El-Sayed, *siehe* Megahid, R. M.

Esmaiel, M. W., *siehe* Megahid, R. M.

F

Fahmy, N. M., *siehe* Zewail, M. A.

Fichtler, K., *siehe* Baumbach, H.

Flachowsky, J., *siehe* Rudolph, K.-P.

Försterling, H.-U., *siehe* Gorski, B.

Frank, W., M. Lenk, V. Rößiger, Multielementanalyse galvanischer Schichten mit der niederenergetischen PIXE — 6/227

Franke, P., *siehe* Dietze, H.-J.

Franke, W.-G., *siehe* Mende, T.

Frenzel, M., Zum Einfluß von Meßgutinhomogenitäten auf das Signal radiometrischer Meßstrecken — 10/386

Freyer, A., *siehe* Dostal, K.-P.

Freyer, K., *siehe* Treutler, H. C.

G

Geisler, M., *siehe* Rämmler, A.

Gladyszewski, L., Isotopentrennung von Kaliumverunreinigungen bei der Oberflächenionisierung (*engl.*) — 5/191

Gleisberg, B., Bestimmung von Elementspuren im Uran mittels Atom-Absorptionsspektrometrie nach Vorabtrennung der Matrix — 4/129

Golembiowski, St., *siehe* Iller, E.

Gontscharow, E. E., G. G. Rjabowa, E. N. Mochow, Möglichkeit der SiC-Untersuchung mit Methoden der Spuren-Autoradiographie (*russ.*) — 12/452

Görner, W., *siehe* Klötzer, D.; Mende, T.

Gorski, B., H.-U. Försterling, Über die Herstellung von Ru-Nitrosylnitratlösungen und die Extraktion der Ru-Komplexe mit neutralen phosphororganischen Verbindungen — 6/201

—, M. Gründig, M. Richter, Entwicklung eines Extraktionsverfahrens zur Gewinnung von Tc und Pd aus der Abfallösung der Kernbrennstoff-Wiederaufarbeitung. Teil 1: Extraktion von Tc und Pd mit Tri-n-octylamin — 3/93

—, *siehe auch* Richter, M.

Gorski, N., Die Eigenschaften des Nukleons (kinetische Energie, freie Weglänge, Diffusionskoeffizient) und der Viskositätskoeffizient der Kerne im Rahmen des Tröpfchenmodells — 6/217

Grätsch, T., *siehe* Wagner, K.

Gründig, M., *siehe* Gorski, B.; Richter, M.

Günther, K., *siehe* Derezinski, M.

Gusakow, A. A., W. M. Minajew, G. G. Rjabowa, Autoradiographie von Stickstoff anhand von Koinzidenzspuren (*russ.*) — 11/431

—, *siehe auch* Babikowa, Ju. F.

H

Hafiez, A. A., M. A. Abdel-Hafez, E. A. Osman, M. S. Ibrahim, Hormonelle Wechselwirkung bei Diabetiker-Schwangerschaft (*engl.*) — 8/306

—, E. Abdel-Salam, E. Z. Abbas, F. A. Halawa, N. El-Hefnawy, Umkehr-Trijodthyronin bei Eiweiß-Unterernährung (*engl.*) — 8/293

—, A. A. Ismail, Z. H. El-Kirdassy, H. M. Sharada, Wirkung oraler hypoglykämischer Pharmaka und des Trijodthyronins sowie ihre Wechselwirkung beim Nukleotid-Metabolismus bei beginnendem Diabetes (*engl.*) — 5/193

—, K. Z. Mahmoud, E. Z. Abbas, F. Halawa, Die Keimdrüsenachse bei fruchtbaren und unfruchtbaren männlichen Versuchspersonen (*engl.*) — 8/285

—, *siehe auch* Ismail, A. A.

Hakl, J., *siehe* Myšák, F.

Halawa, F., *siehe* Hafiez, A. A.; Ismail, A. A.

Hamza, M. S., *siehe* Aly, A. I. M.; Swailem, F. M.

Hanschmann, G., Reduzierte Zustandssummenverhältnisse isotoper Moleküle auf quantenchemischer Grundlage. II. Mitt. MNDO- und MINDO/3-MO-Berechnungen zur H/D-Substitution — 5/151
III. Mitt. MNDO- und MINDO/3-MO-Berechnungen zur $^{12}C/^{13}C$-Substitution — 5/165
IV. Mitt. MNDO- und MINDO/3-MO-Berechnungen zur $^{14}N/^{15}N$- und $^{16}O/^{18}O$-Substitution — 5/169
V. Mitt. MNDO-MO-Berechnungen zur $^{28}Si/^{30}Si$-, $^{32}S/^{34}S$- und $^{35}Cl/^{37}Cl$-Substitution — 12/437
VI. Mitt. MINDO/3-MO-Berechnungen von Radikalkationen — 12/440

Hartmann, E., *siehe* Dostal, K.-P.

Hashad, A. H., *siehe* Aly, A. I. M.

Hecker, O., Zum Verhalten von Durchfluß-Ionisationskammern für die Neutronendosimetrie bei ihrem Einsatz in Gammastrahlungsfeldern — 11/413

Heine, W., *siehe* Töwe, J.; Wutzke, K.

Heinrich, K.-H., M. Herrmann, G. Möbius, H. Sprinz, Zur Darstellung deuterierter heterocyclischer Fünfringverbindungen vom Typ Furan, Thiophen und Pyrrol durch basenkatalysierten Wasserstoffisotopenaustausch mit Deuteriumoxid — 6/234

Helbig, W., S. Niese, D. Birnstein, Untergrundlaboratorium für Messungen geringer Radioaktivität — 2/60

Helmstädter, K., *siehe* Derezinski, M.

Hernandez, A., Yu. S. Samjatnin, Multielement-Photonenaktivierungsanalyse mit Hilfe eines Mikrotrons (*russ.*) — 7/272

Herrmann, M., *siehe* Heinrich, K.-H.

Heyne, W., Laboruntersuchungen zur Gewinnung eines Am-Konzentrates aus PUREX-Raffinatlösung — 1/19

Hladik, O., *siehe* Bernhard, G.

Hodor, I., Allgemeine Theorie für die Trennung an Säulen oder Rechteck-Kaskaden (*engl.*) — 9/330

Hoste, J., *siehe* De Corte, F.

I

Ibrahim, M. S., *siehe* Hafiez, A. A.

Iller, E., W. Przybytniak, St. Golembiowski, Traceruntersuchung der Dynamik von Gasströmen im Katalysatorbett (*engl.*) — 4/143

Indorf, H., *siehe* Wagner, K.

Ismail, A. A., A. A. Hafiez, S. N. Sayed, E. Z. Abbas, F. A. Halawa, M. M. Youssef, Die Wirkung der Diabetes-Mellitus-Kontrolle auf die T_4-, T_3- und rT_3-Niveaus des Plasmas und auf die halbe Muskelentspannungszeit (*engl.*) — 8/289

—, *siehe auch* Hafiez, A. A.

J

Jaćimović, Lj. M., S. M. Milenković, J. L. Vučina, Adsorptionsuntersuchung für einen ^{99m}Tc-Generator (*engl.*) — 2/69

Jaschin, Yu. A., *siehe* Selenkow, A. G.

Jovanović, V., *siehe* Zmbova, B.

K

Kadry, N., A. Sawaby, A. El Agrami, R. Sharkawi, Einfluß von Gamma-Strahlung auf den elektrischen Widerstand einiger Metall-Acetylacetonat-Komplexe (*engl.*) — 8/312

Kaetsu, I., *siehe* Kumakura, M.

Kalicki, A., *siehe* Kraś, A. B.

Kaminski, W. A., B. S. Dshandshgawa, Über das Phasengleichgewicht beim chemischen Ionenaustausch mit Absorption und über die Bestimmung des effektiven Trennfaktors (*russ.*) — 5/188

—, B. S. Dshandshgawa, J. K. Ledjakow, Theoretische Berechnung der Trennstufenhöhe bei der Isotopentrennung durch chemischen Austausch in Füllkörperkolonnen (*russ.*) — 5/183

Karamuz, S., *siehe* Wagner, D.

Karpow, W. L., A. N. Dedenkow, Gewinnung der mit ^{14}C-Stärke angereicherten Biomasse von *Chlorella* (*russ.*) — 2/71

Kasakow, S. S., *siehe* Babikowa, Ju. F.

Kauf, E., W. Wiesener, S. Niese, Neutronenaktivierungsanalytische Bestimmung von Zn, Cu, Mn und Au im menschlichen Kopfhaar in den ersten Lebensjahren — 4/138

Kempken, B., *siehe* Zachmann, M.

Kirscht, F.-G., *siehe* Niese, S.

Kliment, V., R. Šandrik, Beseitigung des Matrix-Effekts bei der Röntgen-Fluoreszenzanalyse mit Hilfe der Rückstreuung (*engl.*) — 4/133

Klötzer, D., W. Görner, Metallbestimmung in ^{14}C-markierten zinnorganischen Verbindungen durch Neutronenaktivierung — 2/58

Koch, H., Nukleranalytische Methoden in der Halbleiterindustrie (*engl.*) — *2/41

—, *siehe auch* Treutler, H. C.

Kodl, O., *siehe* Dereziński, M.

Komosiński, J., M. Radwan, Oberflächenaktivierung zur Verschleißuntersuchung bei Präzisionsteilen (*engl.*) — 1/12

Körner, W., Neue Rechtsvorschriften über die Erfassung und Endlagerung radioaktiver Abfälle in der DDR — 1/34

Kossakowski, S., W. Łojek, Wirkung unterschiedlicher Strahlungsdosen auf die Verteilung von ^{144}Ce in Kaninchen (*engl.*) — 8/309

Kränke, P., M. Wahren, Präparative Darstellung von $^{15}NO_2BF_4$ und $^{15}NOBF_4$ — 3/108

Kraś, A. B., A. Lutze-Birk, A. Kalicki, Empfindlichkeit eines Autoradiographiefilmes gegen ionisierende Strahlung verschiedener Art und Energie — 4/127

Krawielitzki, K., *siehe* Wutzke, K.

Kreienbring, F., *siehe* Wutzke, K.

Krejči, M., *siehe* Myšák, F.

Kubsch, M., R. Stahlberg, Einsatz synthetischer Meßstandards zur quantitativen Elementbestimmung in dünnen Widerstandsschichten mittels Neutronenaktivierungsanalyse — 6/221

Kuchař, L., J. Drápala, J. Branžovský, Bestimmung von Verteilungskoeffizienten in In mittels radioaktiver Nuklide — 6/207

Kumakura, M., I. Kaetsu, Die Wirkung von Wärme- und Strahlungsbehandlung auf die enzymatische Hydrolyse bei Zelluloseabfällen (*engl.*) — 11/425

Kundt, G., *siehe* Töwe, J.

Kurtz, K., W. Lötzsch, R. Winkler, Gamma-Gamma-Dichte-Bohrlochmessung zur Kohleerkundung (*engl.*) — 11/428

Kusmin, W. I., *siehe* Cholkin, A. I.

L

Lange, A., *siehe* Rudolph, K.-P.

Ledjakow, J. K., *siehe* Kaminski, W. A.

Lenk, M., V. Rößiger, PIXE-Tiefenprofilmessungen von galvanischen Überzügen — 6/230

—, *siehe auch* Frank, W.

Leonhardt, J. W., Radionuklidanwendung in der Industrie der DDR — *10/373

Lincke, H.-J., *siehe* Boden, G.

Lin Xilei, *siehe* De Corte, F.

Löhrke, B., *siehe* Schröder, A.

Łojek, W., *siehe* Kossakowski, S.

Lötzsch, W., *siehe* Kurtz, K.

Lundie, H., *siehe* Dereziński, M.

Lutze-Birk, A., *siehe* Kraś, A. B.

M

Madi, I., *siehe* Nagy, J.

Mahmoud, K. Z., *siehe* Hafiez, A. A.

Medwedew, A. B., *siehe* Bondarenko, Yu. I.

Megahid, R. M., El-Sayed H. El-Kalla, M. W. Esmaiel, Untersuchung der Schwächung der Dosisverteilung der Gesamt-Gammastrahlung in einer Mehrschichtabschirmung (*engl.*) — 11/419

Melzer, R., *siehe* Baumbach, H.

Mende, T., W. Wiesener, W.-G. Franke, S. Domschke, W. Görner, Spurenelementkonzentration im Haar bei Patienten mit Schilddrüsenerkrankungen — 8/301

Merz, A., Axiale Verteilung und Homogenisierung in chemischen Anlagensystemen (*engl.*) — 2/47

Milenković, S. M., *siehe* Jaćimović, Lj. M.

Minajew, W. M., *siehe* Babikowa, Ju. F.; Gusakow, A. A.

Möbius, G., *siehe* Heinrich, K.-H.

Mochow, E. N., *siehe* Gontscharow, E. E.

Moens, L., *siehe* De Corte, F.

Mohamed, M. A., *siehe* Aly, A. I. M.

Moser, H., Isotopenhydrologische Untersuchungen — Arbeiten aus dem GSF-Institut für Radiohydrometrie — 7/247

Myšák, F., M. Krejči, J. Hakl, E. Smrkovský, Einsatz von Festkörperspurdetektoren in der Technologie der Hartlötverbindung von Hochtemperaturlegierungen auf Ni-Basis (*engl.*) — 11/422

N

Nagel, M., *suehe* Dostal, K.-P.

Nagy, J., I. Mádi, Untersuchung des Austauschs von Cs- und Rb-Ionen an Kalium-Kobalt-Hexacyanoferrat mit Hilfe einer radioaktiven Indikatormethode (*engl.*) — 3/101

Narbutt, J., *siehe* Bilewicz, A.

Nielsen, J. H., *siehe* Zowail, M. A.

Niese, S., J. Babanskaja, F.-G. Kirscht, K. Schmalz, Gegenüberstellung der Tiefenverteilung von Defekten und mittels Neutronenaktivierungsanalyse bestimmter Schwermetallverunreinigungen in Cz–Si nach Mehrstufenwärmebehandlung — 6/212

—, *siehe auch* Helbig, W.; Kauf, H.; Niese, U.

Niese, U., J. von Borany, P. Urwank, S. Niese, Alphaspektrometrische Isotopenverdünnungsanalyse von Plutoniumisotopen in Kernbrennstofflösungen — 11/401

—, S. Niese, Anwendung der Isotopenverdünnung bei der alphaspektrometrischen und aktivierungsanalytischen Bestimmung von ^{237}Np im bestrahlten Kernbrennstoff — 4/131

O

Osman, E. A., *siehe* Hafiez, A. A.

Otto, R., Radiotracermethode zur Bestimmung der Verteilung schwefelhaltiger Dispergiermittel in Emulsionspolymerisaten — 10/378

P

Paź, N., *siehe* Dereziński, M.

Peter, M., *siehe* Dereziński, M.

Piroshkow, S. W., *siehe* Selenkow, A. G.

Plath, Ch., *siehe* Töwe, J.

Poulheim, K.-F., Zur Retention von ^{60}Co, ^{58}Co/^{54}Mn und ^{110m}Ag nach inhalativer Aufnahme im Menschen — 8/299

Prader, A., *siehe* Zachmann, M.

Przybytniak, W., *siehe* Iller, E.

Ptschelin, W. A., *siehe* Selenkow, A. G.

R

Radwan, M., *siehe* Komosiński, J.

Rämmler, A., M. Geisler, H. Schelhorn, Ausbeutebestimmung in der Neutronenaktivierungsanalyse durch Röntgenfluoreszenz — 7/269

Reinhard, G., Anwendung der Radiotracertechnik in der Korrosionsforschung. Teil III: Über Wechselwirkungen von Wasser und seinen Bestandteilen an Metalloberflächen — *1/1

—, *in memoriam* Kurt Schwabe — 4/117

Reinhold, J., *siehe* Dietze, H.-J.

Remer, M., *siehe* Schmidt, J.

Richter, I., *siehe* Töwe, J.

Richter, M., B. Gorski, M. Gründig, Entwicklung eines Extraktionsverfahrens zur Gewinnung von Tc und Pd aus der Abfallösung der Kernbrennstoff-Wiederaufarbeitung. Teil 2: Selektivitätsuntersuchungen und Testung einer Laboranlage — 3/97

—, *siehe auch* Gorski, B.

Rjabowa, G. G., *siehe* Gontscharow, E. E.; Gusakow, A. A.

Rodionow, Yu. F., *siehe* Selenkow, A. G.

Rossbach, H., *siehe* Eichler, B.

Rößiger, V., *siehe* Frank, W.; Lenk, M.

Rothe, H., *siehe* Dereziński, M.

Rudenko, W. S., *siehe* Bondarenko, Yu. I.

Rudolph, K.-P., J. Flachowsky, A. Lange, J. Dubnack, Neutronenaktivierungsanalytische Spurenelementbestimmung in Halbleiterselen. Teil II: Arbeitsanleitungen und Trennvorschriften — 7/263

S

Samjatnin, Yu. S., *siehe* Hernandez, A.

Šandrik, R., *siehe* Kliment, V.

Sawaby, A., *siehe* Kadry, N.

Sayed, A. M., N. A. Al-Liabi, Spektralverteilung der Neutronendosis in einem Phantom (*engl.*) — 11/416

Sayed, S. N., *siehe* Ismail, A. A.

Schäfer, I., Beeinflussung der Szintillationseffektivität von α- und β-Teilchen in Abhängigkeit vom Löscheffekt bei der Flüssigszintillationsmessung — 6/210

Schatinskij, W. M., *siehe* Selenkow, A. G.

Scheel, H., Neues Atomenergiegesetz der DDR — 12/460

Schelhorn, H., *siehe* Rämmler, A.

Schindler, G., *siehe* Treutler, H. C.

Schirjajew, W. S., *siehe* Selenkow, A. G.

Schmalz, K., *siehe* Niese, S.

Schmidt, J., M. Remer, Praktische Dosimetrie an Gamma-Bestrahlungsanlagen — 1/29

Schröder, A., B. Löhrke, Untersuchungen zur ^{15}N-Markierung der in einem zellfreien Translationssystem *de novo* synthetisierten Proteine — 8/314

Schubko, W. M., *siehe* Selenkow, A. G.

Schütte, H. R., Über die Anwendung von Tracermethoden zur Untersuchung von Biosynthesewegen sowie Stoffwechsel von Wirkstoffen in Pflanzen — 3/81

Schwezow, I. K., *siehe* Selenkow, A. G.

Seifert, K., *siehe* Treutler, H. C.

Selenkow, A. G., S. W. Piroshkow, W. A. Ptschelin, Yu. F. Rodionow, S. M. Sinjutina, W. P. Tarassewitsch, L. W. Tschistjakow, W. M. Schatinskij, I. K. Schwezow, W. S. Schirjajew, W. M. Schubko, Yu. A. Jaschin, Bestimmung von Transuran-Nukliden in Kernbrennstoff durch Alpha- und Gamma-Spektroskopie (*russ.*) — 11/407

Sharada, H. M., *siehe* Hafiez, A. A.

Sharkawi, R., *siehe* Kadry, N.

Siegel, R., *siehe* Treutler, H. C.

Simonits, A., *siehe* De Corte, F.

Sinjutina, S. M., *siehe* Selenkow, A. G.

Šmejkal, Z., J. Tauferová, Z. Zeplá, Extraktionschromatographie von Hg(II)-Spuren (*engl.*) — 4/135

Smrkovský, E., *siehe* Myšák, F.

Šnobr, I., *siehe* Dereziński, M.

Springer-Lederer, H., *in memoarim* Engelbert Broda — 7/241

Sprinz, H., *siehe* Heinrich, K.-H.

Stahlberg, R., *siehe* Kubsch, M.

Štamberg, K., *siehe* Cabicar, J.

Stuchlik, W., *siehe* Dostal, K.-P.

Surkow, Y. A., Kernphysikalische Analysenverfahren bei Mond- und Planetenuntersuchungen (*engl.*) — *9/321

Swailem, F. M., M. S. Hamza, A.I.M. Aly, Isotopenzusammensetzung des Grundwassers von Kufra (Libyen) als Indikator für die Grundwasserbildung (*engl.*) — 2/64

—, *siehe auch* Aly, A. I. M.

T

Tarassewitsch, W. P., *siehe* Selenkow, A. G.

Tauferová, J., *siehe* Šmejkal, Z.

Tietze, D., *siehe* Baumbach, H.

Torgow, W. G., Schwefelhaltige Extraktionsmittel zur Trennung von Edel- und Buntmetallen (*russ.*) — 9/352

Töwe, J., I. Richter, Ch. Plath, W. Heine, K. Wutzke, G. Kundt, Zur Auswertung experimenteller Daten der ^{15}N-Tracertechnik in der Medizin — 3/87

Treutler, H. C., K. Seifert, G. Schindler, R. Siegel, K. Freyer, K. Wetzel, H. Koch, Eichsatz für die quantitative Autoradiographie — 12/458

Tschistjakow, L. W., *siehe* Selenkow, A. G.

U

Ullrich, H., *siehe* Baumbach, H.

Urbanski, P., *siehe* Wagner, D.

Urwank, P., *siehe* Niese, U.

V

Völker, T., *siehe* Wutzke, K.

Vučina, J. L., *siehe* Jaćimović, Lj. M.

W

Wagner, D., P. Urbanski, S. Karamuz, Zur röntgenfluoreszenzanalytischen Bestimmung des Kalziumoxid-, Eisenoxid- und Aschegehaltes in Braunkohle — 10/381

Wagner, K., H. Indorf, T. Grätsch, Autoradiographische Untersuchungen zur Produktion technischer Kohle auf dem Densitron II (*engl.*) — 10/388

Wahren, M., *siehe* Kränke, P.

Weiss, C., *siehe* Dietze, H.-J.

Wetzel, K., 15 Jahre Zentralinstitut für Isotopen- und Strahlenforschung der AdW der DDR — ein Überblick — *10/365

—, *siehe auch* Treutler, H. C.

Wiesener, W., *siehe* Kauf, E.; Mende T.

Winkler, B., *siehe* Kurtz, K.

Wutzke, K., W. Heine, T. Völker, F. Kreienbring, K. Krawielitzki, Präparative Darstellung von hochangereichertem ^{15}N-markiertem Hefeprotein — 3/90

—, *siehe auch* Töwe, J.

X

Xilei, Lin, *siehe* De Corte, F.

Y

Youssef, M. M., *siehe* Ismail, A. A.

Z

Zachmann, M., B. Kempken, A. Prader, Einfluß von Östrogenen auf die ^{15}N-Bilanz im Urin von Mädchen (*engl.*) — 8/296

Zamjatnin, Yu. S., *siehe* Hernandez, A.

Zeplá, Z., *siehe* Šmejkal, Z.

Zewail, M. A., N. M. Fahmy, J. H. Nielsen, Einfluß von Epinephrin und Insulin auf den Glucosemetabolismus in isolierten Fettzellen (*engl.*) — 8/304

Zmbova, B., D. Djokić, V. Jovanović, A. Burić, Herstellung und Qualitätskontrolle von ^{99m}Tc-markiertem Ca-Glucoheptonat (*engl.*) — 3/105

Buchbesprechungen, 1/39; 2/75; 3/112; 4/154; 5/199; 6/235; 7/284; 8/317; 9/361; 10/397; 11/412 u. 434; 12/451 u. 462

Tagungsberichte, 1/37; 2/74; 3/109; 4/153; 5/198; 8/316; 9/359; 10/396 12/461

Sachverzeichnis

(nach Keywords)

A

absorption
Phasengleichgewicht beim chemischen Ionenaustausch mit Absorption und Bestimmung des effektiven Trennfaktors (*russ.*) — 5/188

absorption spectroscopy
Bestimmung von Elementspuren im Uran mittels Atom-Absorptionsspektrometrie nach Vorabtrennung der Matrix — 4/129
Extraktionschromatographie von Hg(II)-Spuren (*engl.*) — 4/135

accuracy
Bewertung der k_0-Methode anhand ihrer Anwendung auf die (n, γ)-RNAA von geologischem, Umwelt- und Ton-Bezugsmaterial (*engl.*) — 6/223

activation analysis
Anwendung der Isotopenverdünnung bei der alphaspektrometrischen und aktivierungsanalytischen Bestimmung von ^{237}Np im bestrahlten Kernbrennstoff — 4/131
Bewertung der k_0-Methode anhand ihrer Anwendungen auf die (n, γ)-RNAA von geologischem, Umwelt- und Ton-Bezugsmaterial (*engl.*) — 6/223
Anwendung eines kleineren Deuteronenbeschleunigers zur aktivierungsanalytischen Schnellbestimmung (*russ.*) — 6/232
Spurenelementkonzentration im Haar bei Patienten mit Schilddrüsenerkrankungen — 8/301
Radionuklidanwendung in der Industrie der DDR — *10/373
Stand und Perspektiven der Aktivierungs-Autoradiographie (*russ.*) — 12/446

activation energy
Untersuchung des Austauschs von Cs- und Rb-Ionen an Kalium-Kobalt-Hexacyanoferrat mit Hilfe einer radioaktiven Indikatormethode (*engl.*) — 3/101
Einfluß von Gamma-Strahlung auf den elektrischen Widerstand einiger Metall-Acetylacetonat-Komplexe (*engl.*) — 8/312

ADP
Wirkung oraler hypoglykämischer Pharmaka und des Trijodthyronins sowie ihre Wechselwirkung beim Nukleotid-Metabolismus bei beginnendem Diabetes (*engl.*) — 5/193

adrenaline
Einfluß von Epinephrin und Insulin auf den Glucosemetabolismus in isolierten Fettzellen (*engl.*) — 8/304

adsorption
Adsorptionsuntersuchungen für einen ^{99m}Tc-Generator (*engl.*) — 2/69
Untersuchung des Austauschs von Cs- und Rb-Ionen an Kalium-Kobalt-Hexacyanoferrat mit Hilfe einer radioaktiven Indikatormethode (*engl.*) — 3/101
Berechnung der Trennstufenhöhe bei der Isotopentrennung durch chemischen Austausch in Füllkörperkolonnen (*russ.*) — 5/183

algae
Gewinnung der mit ^{14}C-Stärke angereicherten Biomasse von *Chlorella* (*russ.*) — 2/71

alkali metal complexes
Einfluß von Gamma-Strahlung auf den elektrischen Widerstand einiger Metall-Acetylacetonat-Komplexe (*engl.*) — 8/312

alpha particles
Beeinflussung der Szintillationseffektivität von α- und β-Teilchen in Abhängigkeit vom Löscheffekt bei der Flüssigszintillationsmessung — 6/210

alpha spectroscopy
Anwendung der Isotopenverdünnung bei der alphaspektrometrischen und aktivierungsanalytischen Bestimmung von ^{237}Np im bestrahlten Kernbrennstoff — 4/131
Beeinflussung der Szintillationseffektivität von α- und β-Teilchen in Abhängigkeit vom Löscheffekt bei der Flüssigszintillationsmessung — 6/210
Alphaspektrometrische Isotopenverdünnungsanalyse von Plutoniumisotopen in Kernbrennstofflösungen — 11/401
Bestimmung von Transuran-Nukliden in Kernbrennstoff durch Alpha- und Gamma-Spektroskopie (*russ.*) — 11/407

aluminium
Anwendung eines kleineren Deuteronenbeschleunigers zur aktivierungsanalytischen Schnellbestimmung. (*russ.*) — 6/232

aluminium nitrates
Iodverflüchtigung aus Kernbrennstofflösungen — 10/394

aluminium oxides
Adsorptionsuntersuchungen für einen ^{99m}Tc-Generator (*engl.*) — 2/69

americum
Laboruntersuchungen zur Gewinnung eines Am-Konzentrats aus PUREX-Raffinatlösung — 1/19
Bestimmung von Transuran-Nukliden in Kernbrennstoff durch Alpha- und Gamma-Spektroskopie (*russ.*) — 11/407

americium 241
Ausbeutebestimmung in der Neutronenaktivierungsanalyse durch Röntgenfluoreszenz — 7/269

ammonium compounds
Kinetische Untersuchung der ^{15}N-Isotopenfraktionierung von Ammonium-Düngemitteln in ägyptischen Böden (*engl.*) — 1/27

AMP
Wirkung oraler hypoglykämischer Pharmaka und des Trijodthyronins sowie ihre Wechselwirkung beim Nukleotid-Metabolismus bei beginnendem Diabetes (*engl.*) — 5/193

analysis
Metallbestimmung in ^{14}C-markierten zinnorganischen Verbindungen durch Neutronenaktivierung — 2/58

anemometers
Traceruntersuchung der Dynamik von Gasströmen im Katalysatorbett (*engl.*) — 4/143

annealing
Einsatz von Festkörper-Spurdetektoren in der Technologie der Hartlötverbindung von Hochtemperaturlegierungen auf Ni-Basis (*engl.*) — 11/422

aquifers
Isotopenzusammensetzung des Grundwassers von Kufra (Libyen) als Indikator für die Grundwasserbildung (*engl.*) — 2/64

ashes
Radionuklidanwendung in der Industrie der DDR — *10/373
Röntgenfluoreszenzanalytische Bestimmung des Kalziumoxid-, Eisenoxid- und Aschegehaltes in Braunkohle — 10/381

atomic energy law
Neues Atomenergiegesetz der DDR — 12/460

ATP
Wirkung oraler hypoglykämischer Pharmaka und des Trijodthyronins sowie ihre Wechselwirkung beim Nukleotid-Metabolismus bei beginnendem Diabetes (*engl.*) — 5/193

attenuation
Untersuchung der Schwächung der Dosisverteilung der Gesamt-Gammastrahlung in einer Mehrschicht-abschirmung (*engl.*) — 11/419

autoradiography
Nukleäranalytische Methoden in der Halbleiterindustrie (*engl.*) — *2/41
Empfindlichkeit eines Autoradiographiefilms gegen ionisierende Strahlung verschiedener Art und Energie — 4/127
15 Jahre Zentralinstitut für Isotopen- und Strahlenforschung der AdW der DDR — *10/365
Autoradiographische Untersuchungen zur Produktion technischer Kohle mit dem Densitron II (*engl.*) — 10/388
Einsatz von Festkörper-Spurdetektoren in der Technologie der Hartlötverbindung von Hochtempera-

turlegierungen auf Ni-Basis (*engl.*) — 11/422
Autoradiographie von Stickstoff anhand von Koinzidenzspuren (*russ.*) — 11/431
Stand und Perspektiven der Aktivierungs-Autoradiographie (*russ.*) — 12/446
Möglichkeit der SiC-Untersuchung mit Methoden der Spuren-Autoradiographie (*russ.*) — 12/452
Eichsatz für die quantitative Autoradiographie — 12/458

autoradiolysis
Stabilität von [methyl-^{3}H]Thymidin-5'-triphosphat — 2/73

B

background radiation
Untergrundlaboratorium für Messungen geringer Radioaktivität — 2/60

betaparticles/spectroscopy
Beeinflussung der Szintillationseffektivität von α- und β-Teilchen in Abhängigkeit vom Löscheffekt bei der Flüssigszintillationsmessung — 6/210

biochemical reaction kinetics
Auswertung experimenteller Daten der ^{15}N-Tracertechnik in der Medizin — 3/87

biological half-life
Retention von ^{60}Co, ^{58}Co/^{54}Mn und ^{110m}Ag nach inhalativer Aufnahme im Menschen — 8/299

biological localization/radiation effects
Wirkung unterschiedlicher Strahlungsdosen auf die Verteilung von ^{144}Ce in Kaninchen (*engl.*) — 8/309

biological wastes
Wirkung von Wärme- und Strahlungsbehandlung auf die enzymatische Hydrolyse bei Zelluloseabfällen (*engl.*) — 11/425

biosynthesis
Gewinnung der mit ^{14}C-Stärke angereicherten Biomasse von *Chlorella* (*russ.*) — 2/71
Anwendung von Tracermethoden zur Untersuchung von Biosynthesewegen sowie Stoffwechsel von Wirkstoffen in Pflanzen — *3/81

blood-plasma clearance
Herstellung und Qualitätskontrolle von ^{99m}Tc-markiertem Ca-Glucoheptonat (*engl.*) — 3/105

boreholes
Gamma-Gamma-Dichte-Bohrlochmessung zur Kohleerkundung (*engl.*) — 11/428

borides/boron
Einsatz von Festkörper-Spurdetektoren in der Technologie der Hartlötverbindung von Hochtemperaturlegierungen auf Ni-Basis (*engl.*) — 11/422

boron carbides
Untersuchung der Schwächung der Dosisverteilung der Gesamt-Gammastrahlung in einer Mehrschichtabschirmung (*engl.*) — 11/419

boron fluorides
Präparative Darstellung von $^{15}NO_2BF_4$ und $^{15}NOBF_4$ — 3/108

brass
PIXE-Tiefenprofilmessungen von galvanischen Überzügen — 6/230

brazing alloys
Einsatz von Festkörper-Spurdetektoren in der Technologie der Hartlötverbindung von Hochtemperaturlegierungen auf Ni-Basis (*engl.*) — 11/422

Broda, Engelbert
29. 8. 1910—26. 10. 1983, *in memoriam* — 7/241

bromine 82
Autoradiographische Untersuchungen zur Produktion technischer Kohle mit dem Densitron II (*engl.*) — 10/388

burn up
Bestimmung von Transuran-Nukliden in Kernbrennstoff durch Alpha- und Gamma-Spektroskopie (*russ.*) — 11/407

C

calcium oxides
Röntgenfluoreszenzanalytische Bestimmung des Kalziumoxid-, Eisenoxid- und Aschegehaltes in Braunkohle — 10/381

calculations
Reduzierte Zustandssummenverhältnisse isotoper Moleküle auf quantenchemischer Grundlage. II. Mitt. MNDO- und MINDO/3-MO-Berechnungen zur H/D-Substitution — 5/161; III. Mitt. MNDO- und MINDO/3-MO-Berechnungen zur ^{12}C/^{13}C-Substitution — 5/165; IV. Mitt. MNDO- und MINDO/3-MO-Berechnungen zur ^{14}N/^{15}N- und ^{16}O/^{18}O-Substitution — 5/169; V. Mitt. MNDO-MO-Berechnungen zur ^{28}Si/^{30}Si-, ^{32}S/^{34}S- und ^{35}Cl/^{37}Cl-Substitution — 12/437; VI. Mitt. MINDO/3-MO-Berechnungen von Radikalkationen — 12/440

calibration
Verhalten von Durchfluß-Ionisationskammern für die Neutronendosimetrie bei ihrem Einsatz in Gammastrahlungsfeldern — 11/413

calibration standards
RGW-Vergleich der Normalmeßeinrichtungen zur Darstellung und Weitergabe der Expositionsdosis von Quantenstrahlung im Röntgen-Anregungsspannungsbereich von 8 bis 60 kV — 4/149
Einsatz synthetischer Meßstandards zur quantitativen Elementbestimmung in dünnen Widerstandsschichten mittels Neutronenaktivierungsanalyse — 6/221
Bewertung der k_0-Methode anhand ihrer Anwendung auf die (n, γ)-RNAA von geologischem, Umwelt- und Ton-Bezugsmaterial (*engl.*) — 6/223
Multielement-Photonenaktivierungsanalyse mit Hilfe eines Mikrotrons (*russ.*) — 7/272
Eichsatz für die quantitative Autoradiographie — 12/458

carbon
Untersuchungen zur Bildung von positiven Clusterionen unterschiedlicher Ladungszahl des Silizium-Graphit-Systems im Funkenplasma — 7/281
Autoradiographische Untersuchungen zur Produktion technischer Kohle mit dem Densitron II (*engl.*) — 10/388

carbon 13
MNDO- und MINDO/3-MO-Berechnungen zur ^{12}C/^{13}C-Substitution — 5/165
Fraktionierung stabiler Kohlenstoffisotope und Genese einiger Rohölvorkommen in Ägypten (*engl.*) — 5/180
MINDO/3-MO-Berechnungen von Radikalkationen — 12/440

carbon 14
Metallbestimmung in ^{14}C-markierten zinnorganischen Verbindungen durch Neutronenaktivierung — 2/58
Isotopenzusammensetzung des Grundwassers von Kufra (Libyen) als Indikator für die Grundwasserbildung (*engl.*) — 2/64
Gewinnung der mit ^{14}C-Stärke angereicherten Biomasse von *Chlorella* (*russ.*) — 2/71
Anwendung von Tracermethoden zur Untersuchung von Biosynthesewegen sowie Stoffwechsel von Wirkstoffen in Pflanzen — *3/81
Empfindlichkeit eines Autoradiographiefilms gegen ionisierende Strahlung verschiedener Art und Energie — 4/127
Isotopenhydrologische Untersuchungen — Arbeiten aus dem GSF-Institut für Radiohydrometrie — 7/247

carbon 14 compounds
Einfluß von Epinephrin und Insulin auf den Glucosemetabolismus in isolierten Fettzellen (*engl.*) — 8/304

carcinomas
Spurenelementkonzentration im Haar bei Patienten mit Schilddrüsenerkrankungen — 8/301

cast iron
Anwendung der Isotopenverdünnung zur Untersuchung von Korrosionsprozessen in Metallen — 1/9

catalysis
Traceruntersuchung der Dynamik von Gasströmen im Katalysatorbett (*engl.*) — 4/143
Darstellung deuterierter heterocyclischer Fünfringverbindungen vom Typ Furan, Thiophen und Pyrrol durch basenkatalysierten Wasserstoffisotopenaustausch mit Deuteriumoxid — 6/234

cell-free translation
Untersuchungen zur ^{15}N-Markierung der in einem zellfreien Translationssystem *de novo* synthetisierten Proteine — 8/314

cellulose
Wirkung von Wärme- und Strahlungsbehandlung auf die enzymatische Hydrolyse bei Zelluloseabfällen (*engl.*) — 11/425
cerium 144
Wirkung unterschiedlicher Strahlungsdosen auf die Verteilung von ^{144}Ce in Kaninchen (*engl.*) — 8/309
cesium
Konzentration und Abtrennung von radioaktivem Cs aus Reaktorwasser unter Verwendung von Ti-Hexacyanoferrat (*engl.*) — 4/141
cesium 137
Untersuchung des Austauschs von Cs- und Rb-Ionen an Kalium-Kobalt-Hexacyanoferrat mit Hilfe einer radioaktiven Indikatormethode (*engl.*) — 3/101
charges
Einsatz synthetischer Meßstandards zur quantitativen Elementbestimmung in dünnen Widerstandsschichten mittels Neutronenaktivierungsanalyse — 6/221
chemical industry
Traceruntersuchung zur gleichzeitigen Homogenisierung und Segregation in industriellen Ausrüstungen (*engl.*) — 1/16
chemical reaction kinetics
Anwendung der Isotopenverdünnung zur Untersuchung von Korrosionsprozessen in Metallen — 1/9
Traceruntersuchung der Dynamik von Gasströmen im Katalysatorbett (*engl.*) — 4/143
children/infants
Umkehr-Trijodthyronin bei Eiweiß-Unterernährung (*engl.*) — 8/293
Neutronenaktivierungsanalytische Bestimmung von Zn, Cu, Mn und Au im menschlichen Kopfhaar in den ersten Lebensjahren — 4/138
chlorine 37
MNDO-MO-Berechnungen zur $^{28}Si/^{30}Si$-, $^{32}S/^{34}S$- und $^{35}Cl/^{37}Cl$-Substituion — 12/437
coal
Radionuklidanwendung in der Industrie der DDR — *10/373
Röntgenfluoreszenzanalytische Bestimmung des Kalziumoxid-, Eisenoxid- und Aschegehaltes in Braunkohle — 10/381
Einfluß von Meßgutinhomogenitäten auf das Signal radiometrischer Meßstrecken — 10/386
cobalt 58/60
Retention von ^{60}Co, $^{58}Co/^{54}Mn$ und ^{110m}Ag nach inhalativer Aufnahme im Menschen — 8/299
cobalt 60
Empfindlichkeit eines Autoradiographiefilms gegen ionisierende Strahlung verschiedener Art und Energie — 4/127
coloration
Erfahrungen beim Einsatz von strahlenresistentem synthetischem Kieselglas — 11/432
column separation
Berechnung der Trennstufenhöhe bei der Isotopentrennung durch chemischen Austausch in Füllkörperkolonnen (*russ.*) — 5/183
Allgemeine Theorie für die Trennung an Säulen oder Rechteck-Kaskaden (*engl*).—.9/330
COMECON
RGW-Vergleich der Normalmeßeinrichtungen zur Darstellung und Weitergabe der Expositionsdosis von Quantenstrahlung im Röntgen-Anregungsspannungsbereich von 8 bis 60 kV — 4/149
computer calculations
Auswertung experimenteller Daten der ^{15}N-Tracertechnik in der Medizin — 3/87
computer codes
Praktische Dosimetrie an Gamma-Bestrahlungsanlagen — 1/29
concentration dependence
Neuer kinetischer Isotopieeffekt in Ionenaustauscher- und Lösungsmittel-Extraktions-Systemen (*engl.*) — 5/173
concretes
Feuchtigkeitsmigration im Beton eines speziellen Testgebäudes unter simulierten Lastbedingungen (*engl.*) — 1/24
Dichteschwankungen in Strahlenschutzwänden aus Beton mit Hilfe von 10-MeV-Röntgenbremsstrahlung eines Linearbeschleunigers (*engl.*) — 2/53
Schwächung der Dosisverteilung der Gesamt-Gammastrahlung in einer Mehrschichtabschirmung (*engl.*) — 11/419
containment
Bestimmung von Dichteschwankungen in Strahlenschutzwänden aus Beton mit Hilfe von 10-MeV-Röntgenbremsstrahlung eines Linearbeschleunigers (*engl.*) — 2/53
contamination
Spurenanalyse an ^{99}Tc-Verbindungen mittels Funkenquellen-Massenspektrographie — 7/279
control
Radionuklidanwendung in der Industrie der DDR — *10/373
copper
Neutronenaktivierungsanalytische Bestimmung von Zn, Cu, Mn und Au im menschlichen Kopfhaar in den ersten Lebensjahren — 4/138
Spurenelementkonzentration im Haar bei Patienten mit Schilddrüsenerkrankungen — 8/301
copper complexes
Extraktionschromatographie von Hg(II)-Spuren (*engl.*) — 4/135
corrosion
Anwendung der Radiotracertechnik in der Korrosionsforschung. Teil. III: Wechselwirkungen von Wasser und seinen Bestandteilen an Metalloberflächen — *1/1
Anwendung der Isotopenverdünnung zur Untersuchung von Korrosionsprozessen in Metallen — 1/9
Innere isotopische Verdünnung — 7/259
cortisone
Hormonelle Wechselwirkung bei Diabetiker-Schwangerschaft (*engl.*) — 8/306
cosmic radiation
Untergrundlaboratorium für Messungen geringer Radioaktivität — 2/60
counting techniques
Automatischer Probenwechsler zur Messung von β-Aktivitäten — 10/392
Curie, Marie
zum 50. Todestag — 7/243
curium
Bestimmung von Transuran-Nukliden in Kernbrennstoff durch Alpha- und Gamma-Spektroskopie (*russ.*) — 11/407

D

data processing
Axiale Verteilung und Homogenisierung in chemischen Anlagensystemen (*engl.*) — 2/47
decay
Automatischer Probenwechsler zur Messung von β-Aktivitäten — 10/392
defects
Gegenüberstellung der Tiefenverteilung von Defekten und mittels Neutronenaktivierungsanalyse bestimmter Schwermetallverunreinigungen in Sz–Si nach Mehrstufenwärmebehandlung — 6/212
depth
PIXE-Tiefenprofilmessungen von galvanischen Überzügen — 6/230
depth distribution
Nuklearanalytische Methoden in der Halbleiterindustrie (*engl.*) — *2/41
Gegenüberstellung der Tiefenverteilung von Defekten und mittels Neutronenaktivierungsanalyse bestimmter Schwermetallverunreinigungen in Cz–Si nach Mehrstufenwärmebehandlung — 6/212
destructive analysis
Bestimmung von Transuran-Nukliden in Kernbrennstoff durch Alpha- und Gamma-Spektroskopie (*russ.*) — 11/407
deuterium
Isotopenzusammensetzung des Grundwassers von Kufra (Libyen) als Indikator für die Grundwasserbildung (*engl.*) — 2/64
MNDO- und MINDO/3-MO-Berechnungen zur H/D-Substitution — 5/161
MINDO/3-MO-Berechnungen von Radikalkationen — 12/440
deuterium compounds
Darstellung deuterierter heterocyclischer Fünfringverbindungen vom Typ Furan, Thiophen und Pyrrol durch basenkatalysierten Wasserstoffisotopenaustausch mit Deuteriumoxid — 6/234

deuterons
Anwendung eines kleineren Deuteronenbeschleunigers zur aktivierungsanalytischen Schnellbestimmung (*russ.*) — 6/232
diabetes mellitus
Wirkung oraler hypoglykämischer Pharmaka und des Trijodthyronins sowie ihre Wechselwirkung beim Nukleotid-Metabolismus bei beginnendem Diabetes (*engl.*) — 5/193
Wirkung der Diabetes-mellitus-Kontrolle auf die T_4, T_3- und rT_3-Niveaus des Plasmas und auf die halbe Muskelentspannungszeit (*engl.*) — 8/289
Hormonelle Wechselwirkung bei Diabetiker-Schwangerschaft (*engl.*) — 8/306
diagnostic techniques
Feuchtigkeitsmigration im Beton eines speziellen Testgebäudes unter simulierten Lastbedingungen (*engl.*) — 1/24
diagrams
Automatischer Probenwechsler zur Messung von β-Aktivitäten — 10/392
dielectric track detectors
Einsatz von Festkörper-Spurdetektoren in der Technologie der Hartlötverbindung von Hochtemperaturlegierungen auf Ni-Basis (*engl.*) — 11/422
diffusion
Phasengleichgewicht beim chemischen Ionenaustausch mit Absorption und Bestimmung des effektiven Trennfaktors (*russ.*)— 5/188
Isotopentrennung von Kaliumverunreinigungen bei der Oberflächenionisierung (*engl.*) — 5/191
distillation
Iodverflüchtigung aus Kernbrennstofflösungen — 10/394
distribution
Herstellung und Qualitätskontrolle von ^{99m}Tc-markiertem Ca-Glucoheptonat (*engl.*) — 3/105
Radiotracermethode zur Bestimmung der Verteilung schwefelhaltiger Dispergiermittel in Emulsionspolymerisaten — 10/378
distribution functions
Bestimmung von Verteilungskoeffizienten in In mittels radioaktiver Nuklide — 6/207
dosemeters
Praktische Dosimetrie an Gamma-Bestrahlungsanlagen — 1/29
dosimetry
Verhalten von Durchflußionisationskammern für die Neutronendosimetrie bei ihrem Einsatz in Gammastrahlungsfeldern — 11/413
Spektralverteilung der Neutronendosis in einem Phantom (*engl.*) — 11/416
drinking water
Extraktionschromatographie von Hg(II)-Spuren (*engl.*) — 4/135
DTPA
Laboruntersuchungen zur Gewinnung eines Am-Konzentrats aus PUREX-Raffinatlösung — 1/19
dynamic function studies
Untersuchung der Feuchtigkeitsmigration im Beton eines speziellen Testgebäudes unter simulierten Lastbedingungen (*engl.*) — 1/24

E

Egyptian Arab Republic
Fraktionierung stabiler Kohlenstoffisotope und Genese einiger Rohölvorkommen in Ägypten (*engl.*) — 5/180
electric conductivity
Einfluß von Gamma-Strahlung auf den elektrischen Widerstand einiger Metall-Acetylacetonat-Komplexe (*engl.*) — 8/312
electric sparks
Spurenanalyse an ^{99}Tc-Verbindungen mittels Funkenquellen-Massenspektrographie — 7/279
Untersuchungen zur Bildung von positiven Clusterionen unterschiedlicher Ladungszahl des Silizium-Graphit-Systems im Funkenplasma — 7/281
electrochemical coating
Multielementanalyse galvanischer Schichten mit der niederenergetischen PIXE — 6/227
PIXE-Tiefenprofilmessungen von galvanischen Überzügen — 6/230
electronic structure
Zerfallskonstante der inneren Konversion von ^{99m}Tc im metallischen Zustand — 12/443
electrostatic accelerators
Multielementanalyse galvanischer Schichten mit der niederenergetischen PIXE — 6/227
emulsifiers
Radiotracermethode zur Bestimmung der Verteilung schwefelhaltiger Dispergiermittel in Emulsionspolymerisaten — 10/378
endocrine diseases
Hormonelle Wechselwirkung bei Diabetiker-Schwangerschaft (*engl.*) — 8/306
energy dependence
Empfindlichkeit eines Autoradiographiefilms gegen ionisierende Strahlung verschiedener Art und Energie — 4/127
energy transfer
Beeinflussung der Szintillationseffektivität von α- und β-Teilchen in Abhängigkeit vom Löscheffekt bei der Flüssigszintillationsmessung — 6/210
enthalpy
Stabilität der Polonide der Übergangsmetalle sowie des Kupfers, des Silbers und des Goldes — 12/454
epidemiology
Spurenelementkonzentration im Haar bei Patienten mit Schilddrüsenerkrankungen — 8/301
error
Einfluß von Meßgutinhomogenitäten auf das Signal radiometrischer Meßstrecken — 10/386
estrogene
Einfluß von Östrogenen auf die ^{15}N-Bilanz im Urin von Mädchen (*engl.*) — 8/296
etching
Nuklearanalytische Methoden in der Halbleiterindustrie (*engl.*) — *2/41
evaporation
Iodverflüchtigung aus Kernbrennstofflösungen — 10/394
exploration
Gamma-Gamma-Dichte-Bohrlochmessung zur Kohleerkundung (*engl.*) — 11/428
extraction chromatography
Extraktionschromatographie von Hg(II)-Spuren (*engl.*) — 4/135

F

fast neutrons
Spektralverteilung der Neutronendosis in einem Phantom (*engl.*) — 11/416
ferrocyanides
Untersuchung des Austauschs von Cs- und Rb-Ionen an Kalium-Kobalt-Hexacyanoferrat mit Hilfe einer radioaktiven Indikatormethode (*engl.*) — 3/101
fertilizers
Kinetische Untersuchung der ^{15}N-Isotopenfraktionierung von Ammonium-Düngemitteln in ägyptischen Böden (*engl.*) — 1/27
fission products
Entwicklung eines Extraktionsverfahrens zur Gewinnung von Tc und Pd aus der Abfallösung der Kernbrennstoffwiederaufarbeitung. Teil 1: Extraktion von Tc und Pd mit Tri-n-octylamin — 3/93; Teil 2: Selektivitätsuntersuchungen und Testung einer Laboranlage — 3/97
Anwendung der Isotopenverdünnung bei der alphaspektrometrischen und aktivierungsanalytischen Bestimmung von ^{237}Np im bestrahlten Kernbrennstoff — 4/131
Herstellung von Ru-Nitrosylnitratlösungen und die Extraktion der Ru-Komplexe mit neutralen phosphororganischen Verbindungen — 6/201
fluctuations
Einfluß von Meßgutinhomogenitäten auf das Signal radiometrischer Meßstrecken — 10/386
fluorine
Anwendung eines kleineren Deuteronenbeschleunigers zur aktivierungsanalytischen Schnellbestimmung (*russ.*) — 6/232
formation heat
Stabilität der Polonide der Übergangsmetalle sowie des Kupfers, des Silbers und des Goldes — 12/454

fuel solutions
Alphaspektrometrische Isotopenverdünnungsanalyse von Plutoniumisotopen in Kernbrennstofflösungen — 11/401

G

gamma dosimetry
Praktische Dosimetrie an Gamma-Bestrahlungsanlagen — 1/29
gamma-gamma-logging
Gamma-Gamma-Dichte-Bohrlochmessung zur Kohleerkundung (*engl.*) — 11/428
gamma radiation
Praktische Dosimetrie an Gamma-Bestrahlungsanlagen — 1/29
Empfindlichkeit eines Autoradiographiefilms gegen ionisierende Strahlung verschiedener Art und Energie — 4/127
Einfluß von Gamma-Strahlung auf den elektrischen Widerstand einiger Metall-Acetylacetonat-Komplexe (*engl.*) — 8/312
Radionuklidanwendung in der Industrie der DDR — *10/373
Einfluß von Meßgutinhomogenitäten auf das Signal radiometrischer Meßstrecken — 10/386
Verhalten von Durchfluß-Ionisationskammern für die Neutronendosimetrie bei ihrem Einsatz in Gammastrahlungsfeldern — 11/413
Untersuchung der Schwächung der Dosisverteilung der Gesamt-Gammastrahlung in einer Mehrschichtabschirmung (*engl.*) — 11/419
gamma spectroscopy
Untergrundlaboratorium für Messungen geringer Radioaktivität — 2/60
Kernphysikalische Analysenverfahren bei Mond- und Planetenuntersuchungen (*engl.*) — *9/321
Bestimmung von Transuran-Nukliden in Kernbrennstoff durch Alpha- und Gamma-Spektroskopie (*russ.*) — 11/407
gas flow
Traceruntersuchung der Dynamik von Gasströmen im Katalysatorbett (*engl.*) — 4/143
geochemistry
Fraktionierung stabiler Kohlenstoffisotope und Genese einiger Rohölvorkommen in Ägypten (*engl.*) — 5/180
geophysics
Gamma-Gamma-Dichte-Bohrlochmessung zur Kohleerkundung (*engl.*) — 11/428
German Democratic Republic
Neue Rechtsvorschriften über die Erfassung und Endlagerung radioaktiver Abfälle in der DDR — 1/34
15 Jahre Zentralinstitut für Isotopen- und Strahlenforschung der AdW der DDR — *10/365
Radionuklidanwendung in der Industrie der DDR — *10/373
Neues Atomenergiegesetz der DDR — 12/460
gettering
Gegenüberstellung der Tiefenverteilung von Defekten und mittels Neutronenaktivierungsanalyse bestimmter Schwermetallverunreinigungen in Sz–Si nach Mehrstufenwärmebehandlung — 6/212
glass
Erfahrungen beim Einsatz von strahlenresistentem synthetischem Kieselglas — 11/432
glucagon/glucose
Einfluß von Epinephrin und Insulin auf den Glucosemetabolismus in isolierten Fettzellen (*engl.*) — 8/304
gold
Neutronenaktivierungsanalytische Bestimmung von Zn, Cu, Mn und Au im menschlichen Kopfhaar in den ersten Lebensjahren — 4/138
gonads
Keimdrüsenachse bei fruchtbaren und unfruchtbaren männlichen Versuchspersonen (*engl.*) — 8/285
grain density
Einfluß von Meßgutinhomogenitäten auf das Signal radiometrischer Meßstrecken — 10/386
graphite
Autoradiographische Untersuchungen zur Produktion technischer Kohle mit dem Densitron II (*engl*) — 10/388
ground water
Isotopenzusammensetzung des Grundwassers von Kufra (Libyen) als Indikator für die Grundwasserbildung (*engl.*) — 2/64

H

hair
Neutronenaktivierungsanalytische Bestimmung von Zn, Cu, Mn und Au im menschlichen Kopfhaar in den ersten Lebensjahren — 4/138
Spurenelementkonzentration im Haar bei Patienten mit Schilddrüsenerkrankungen — 8/301
half-life
Radioaktive Umwandlung des Nuklids ^{99m}Tc im Kaliumhexafluorotechnetat — 6/205
Zerfallskonstante der inneren Konversion von ^{99m}Tc im metallischen Zustand — 12/443
heating
Gegenüberstellung der Tiefenverteilung von Defekten und mittels Neutronenaktivierungsanalyse bestimmter Schwermetallverunreinigungen in Cz–Si nach Mehrstufenwärmebehandlung — 6/212
Wirkung von Wärme- und Strahlungsbehandlung auf die enzymatische Hydrolyse bei Zelluloseabfällen (*engl.*) — 11/425
heterocyclic compounds
Darstellung deuterierter heterocyclischer Fünfringverbindungen vom Typ Furan, Thiophen und Pyrrol durch basenkatalysierten Wasserstoffisotopenaustausch mit Deuteriumoxid — 6/234
history
50. Todestag von *Marie Curie* — 7/243
homogeneous mixture
Traceruntersuchung zur gleichzeitigen Homogenisierung und Segregation in industriellen Ausrüstungen (*engl.*) — 1/16
hot cells
Erfahrungen beim Einsatz von strahlenresistentem synthetischem Kieselglas — 11/432
HPL
Hormonelle Wechselwirkung bei Diabetiker-Schwangerschaft (*engl.*) — 8/306
humidity
Feuchtigkeitsmigration im Beton eines speziellen Testgebäudes unter simulierten Lastbedingungen (*engl.*) — 1/24
hydrolases/hydrolysis
Wirkung von Wärme- und Strahlungsbehandlung auf die enzymatische Hydrolyse bei Zelluloseabfällen (*engl.*) — 11/425
hydrology
Isotopenzusammensetzung des Grundwassers von Kufra (Libyen) als Indikator für die Grundwasserbildung (*engl.*) — 2/64
Isotopenhydrologische Untersuchungen — Arbeiten aus dem GSF-Institut für Radiohydrometrie — 7/247
hypothalamus
Die Keimdrüsenachse bei fruchtbaren und unfruchtbaren männlichen Versuchspersonen (*engl.*) — 8/285

I

impurities
Bestimmung von Elementspuren im Uran mittels Atom-Absorptionsspektrometrie nach Vorabtrennung der Matrix — 4/129
Isotopentrennung von Kaliumverunreinigungen bei der Oberflächenionisierung (*engl.*) — 5/191
Bestimmung von Verteilungskoeffizienten in In mittels radioaktiver Nuklide — 6/207
Gegenüberstellung der Tiefenverteilung von Defekten und mittels Neutronenaktivierungsanalyse bestimmter Schwermetallverunreinigungen in Sz–Si nach Mehrstufenwärmebehandlung — 6/212
indium
Bestimmung von Verteilungskoeffizienten in In mittels radioaktiver Nuklide — 6/207
industrial radiography
Bestimmung von Dichteschwankungen in Strahlenschutzwänden aus Beton mit Hilfe von 10-MeV-Röntgenbremsstrahlung eines Linearbeschleunigers (*engl.*) — 2/53
industry
Stand und Entwicklungstendenzen der radiometrischen Flächenmassemeßtechnik — *4/119

infants
siehe children
inhalation
Retention von ^{60}Co, $^{58}Co/^{54}Mn$ und ^{110m}Ag nach inhalativer Aufnahme im Menschen — 8/299
inorganic acids
Binärextraktion (*russ.*) — 9/339
inorganic ion exchangers
Konzentration und Abtrennung von radioaktivem Cs aus Reaktorwasser unter Verwendung von Ti-Hexacyanoferrat (*engl.*) — 4/141
intake
Retention von ^{60}Co, $^{58}Co/^{54}Mn$ und ^{110m}Ag nach inhalativer Aufnahme im Menschen — 8/299
integrated circuits
Nuklearanalytische Methoden in der Halbleiterindustrie (*engl.*) — *2/41
interfaces
Anwendung der Radiotracertechnik in der Korrosionsforschung. Teil III: Wechselwirkungen von Wasser und seinen Bestandteilen an Metalloberflächen — *1/1
interfering elements
Bestimmung von Elementspuren im Uran mittels Atom-Absorptionsspektrometrie nach Vorabtrennung der Matrix — 4/129
Beseitigung des Matrix-Effekts bei der Röntgen-Fluoreszenzanalyse mit Hilfe der Rückstreuung (*engl.*) — 4/133
Neutronenaktivierungsanalytische Spurenelementbestimmung in Halbleiterselen. Teil II: Arbeitsanleitungen und Trennvorschriften — 7/263
Multielement-Photonenaktivierungsanalyse mit Hilfe eines Mikrotrons (*russ.*) — 7/272
internal conversion
Zerfallskonstante der inneren Konversion von ^{99m}Tc im metallischen Zustand — 12/443
intestine
Wirkung unterschiedlicher Strahlungsdosen auf die Verteilung von ^{144}Ce in Kaninchen (*engl.*) — 8/309
iodine
Spurenelementkonzentration im Haar bei Patienten mit Schilddrüsenerkrankungen — 8/301
Iodverflüchtigung aus Kernbrennstofflösungen — 10/394
iodine 131
Erfahrungen beim Einsatz von strahlenresistentem synthetischem Kieselglas — 11/432
ion exchange
Untersuchung des Austauschs von Cs- und Rb-Ionen an Kalium-Kobalt-Hexacyanoferrat mit Hilfe einer radioaktiven Indikatormethode (*engl.*) — 3/101
Neuer kinetischer Isotopieeffekt in Ionenaustauscher- und Lösungsmittel-Extraktions-Systemen (*engl.*) — 5/173
Schwefelhaltige Extraktionsmittel zur Trennung von Edel- und Buntmetallen (*russ.*) — 9/352
ionization chambers
RGW-Vergleich der Normalmeßeinrichtungen zur Darstellung und Weitergabe der Expositionsdosis von Quantenstrahlung im Röntgen-Anregungsspannungsbereich von 8 bis 60 kV — 4/149
ions/ion pairs
Untersuchungen zur Bildung von positiven Clusterionen unterschiedlicher Ladungszahl des Silizium-Graphit-Systems im Funkenplasma — 7/281
iron
Anwendung der Radiotracertechnik in der Korrosionsforschung. Teil III: Wechselwirkungen von Wasser und seinen Bestandteilen an Metalloberflächen — *1/1
iron 55/59
Anwendung der Isotopenverdünnung zur Untersuchung von Korrosionsprozessen in Metallen — 1/9
Innere isotopische Verdünnung — 7/259
iron isotopes
Empfindlichkeit eines Autoradiographiefilms gegen ionisierende Strahlung verschiedener Art und Energie — 4/127
iron oxides
Röntgenfluoreszenzanalytische Bestimmung des Kalziumoxid-, Eisenoxid-, und Aschegehaltes in Braunkohle — 10/381
irradiation devices
Multielement-Photonenaktivierungsanalyse mit Hilfe eines Mikrotrons (*russ.*) — *7/272
isodose curves
Praktische Dosimetrie an Gamma-Bestrahlungsanlagen — 1/29
isotope applications
Stand und Entwicklungstendenzen der radiometrischen Flächenmassemeßtechnik — *4/119
isotope dating
Isotopenzusammensetzung des Grundwassers von Kufra (Libyen) als Indikator für die Grundwasserbildung (*engl.*) — 2/64
isotope dilution
Anwendung der Isotopenverdünnung zur Untersuchung von Korrosionsprozessen in Metallen — 1/9
Anwendung der Isotopenverdünnung bei der alphaspektrometrischen und aktivierungsanalytischen Bestimmung von ^{237}Np im bestrahlten Kernbrennstoff — 4/131
Innere isotopische Verdünnung — 7/259
Alphaspektrometrische Isotopenverdünnungsanalyse von Plutoniumisotopen in Kernbrennstofflösungen — 11/401
isotope dilution analysis
Nuklearanalytische Methoden in der Halbleiterindustrie (*engl.*) — *2/41
isotope effects
Kinetische Untersuchung der ^{15}N-Isotopenfraktionierung von Ammonium-Düngemitteln in ägyptischen Böden (*engl.*) — 1/27
Neuer kinetischer Isotopieeffekt in Ionenaustauscher- und Lösungsmittel-Extraktions-Systemen (*engl.*) — 5/173
Isotopentrennung von Kaliumverunreinigungen bei der Oberflächenionisierung (*engl.*) — 5/191
Reduzierte Zustandssummenverhältnisse isotoper Moleküle auf quantenchemischer Gundlage. II. Mitt. MNDO- und MINDO/3-MO-Berechungen zur H/D-Substitution — 5/161; III. Mitt. MNDO- und MINDO/3-MO-Be-Berechnungen zur $^{12}C/^{13}C$-Substitution — 5/165; IV. Mitt. MNDO- und MINDO/3-MO-Berechnungen zur $^{14}N/^{15}N$- und $^{16}O/^{18}O$-Substitution — 5/169 V. Mitt. MNDO-MO-Berechnungen zur $^{28}Si/^{30}Si$-, $^{32}S/^{34}S$- und $^{35}Cl/^{37}Cl$-Substitution — 12/437; VI. Mitt. MINDO/3-MO-Berechnungen von Radikalkationen — 12/440
isotope enriched materials
Präparative Darstellung von hochangereichertem ^{15}N-markiertem Hefeprotein — 3/90
isotope production
15 Jahre Zentralinstitut für Isotopen- und Strahlenforschung der AdW der DDR — *10/365
isotope ratio
Kinetische Untersuchung der ^{15}N-Isotopenfraktionierung von Ammonium-Düngemitteln in ägyptischen Böden (*engl.*) — 1/27
Isotopenzusammensetzung des Grundwassers von Kufra (Libyen) als Indikator für die Grundwasserbildung (*engl.*) — 2/64
Fraktionierung stabiler Kohlenstoffisotope und Genese einiger Rohölvorkommen in Ägypten (*engl.*) — 5/180
Isotopentrennung von Kaliumverunreinigungen bei der Oberflächenionisierung (*engl.*) — 5/191
isotope separation
Neuer kinetischer Isotopieeffekt in Ionenaustauscher- und Lösungsmittel-Extraktions-Systemen (*engl.*) — 5/173
Berechnung der Trennstufenhöhe bei der Isotopentrennung durch chemischen Austausch in Füllkörperkolonnen (*russ.*) — 5/183
Phasengleichgewicht beim chemischen Ionenaustausch mit Absorption und Bestimmung des effektiven Trennfaktors (*russ.*) — 5/188
Allgemeine Theorie für die Trennung an Säulen oder Rechteck-Kaskaden (*engl.*) — 9/330
isotopic exchange
Präparative Darstellung von $^{15}NO_2BF_4$ und $^{15}NOBF_4$ — 3/108
Berechnung der Trennstufenhöhe bei der Isotopentrennung durch che-

mischen Austausch in Füllkörperkolonnen (*russ.*) — 5/183
Phasengleichgewicht beim chemischen Ionenaustausch mit Absorption und Bestimmung des effektiven Trennfaktors (*russ.*) — 5/188
Darstellung deuterierter heterocyclischer Fünfringverbindungen vom Typ Furan, Thiophen und Pyrrol durch basenkatalysierten Wasserstoffisotopenaustausch mit Deuteriumoxid — 6/234

K

kinetic energy
Eigenschaften des Nukleons (kinetische Energie, freie Weglänge, Diffusionskoeffizient) und Viskositätskoeffizient der Kerne im Rahmen des Tröpfchenmodells — 6/217
kinetics
Untersuchung des Austauschs von Cs- und Rb-Ionen an Kalium-Kobalt-Hexacyanoferrat mit Hilfe einer radioaktiven Indikatormethode (*engl.*) — 3/101
Innere isotopische Verdünnung — 7/259
krypton 79
Traceruntersuchung der Dynamik von Gasströmen im Katalysatorbett (*engl.*) — 4/143
krypton 85
Isotopenhydrologische Untersuchungen — Arbeiten aus dem GSF-Institut für Radiohydrometrie — 7/247

L

labelled compounds
Gewinnung der mit ^{14}C-Stärke angereicherten Biomasse von *Chlorella* (*russ.*) — 2/71
Stabilität von [methyl-^{3}H]Thymidin-5′-triphosphat — 2/73
Anwendung von Tracermethoden zur Untersuchung von Biosynthesewegen sowie Stoffwechsel von Wirkstoffen in Pflanzen — *3/81
Präparative Darstellung von hochangereichertem ^{15}N-markiertem Hefeprotein — 3/90
Darstellung deuterierter heterocyclischer Fünfringverbindungen vom Typ Furan, Thiophen und Pyrrol durch basenkatalysierten Wasserstoffisotopenaustausch mit Deuteriumoxid — 6/234
^{15}N-Markierung der in einem zellfreien Translationssystem *de novo* synthetisierten Proteine — 8/314
15 Jahre Zentralinstitut für Isotopen- und Strahlenforschung der AdW der DDR — *10/365
laboratory equipment
Untergrundlaboratorium für Messungen geringer Radioaktivität — 2/60
laboratory plant
Entwicklung eines Extraktionsverfahrens zur Gewinnung von Tc und Pd aus der Abfallösung der Kernbrennstoffwiederaufarbeitung. Teil 2: Selektivitätsuntersuchungen und Testung einer Laboranlage — 3/97
lanthanum complexes
Einfluß von Gamma-Strahlung auf den elektrischen Widerstand einiger Metall-Acetylacetonat-Komplexe (*engl.*) — 8/312
law
Neues Atomenergiegesetz der DDR — 12/460
legal aspects
Neue Rechtsvorschriften über die Erfassung und Endlagerung radioaktiver Abfälle in der DDR — 1/34
leucine
^{15}N-Markierung der in einem zellfreien Translationssystem *de novo* synthetisierten Proteine — 8/314
Libya
Isotopenzusammensetzung des Grundwassers von Kufra (Libyen) als Indikator für die Grundwasserbildung (*engl.*) — 2/64
lignite
Gamma-Gamma-Dichte-Bohrlochmessung zur Kohleerkundung (*engl.*) — 11/428
linear accelerators
Bestimmung von Dichteschwankungen in Strahlenschutzwänden aus Beton mit Hilfe von 10-MeV-Röntgenbremsstrahlung eines Linearbeschleunigers (*engl.*) — 2/53
Anwendung eines kleineren Deuteronenbeschleunigers zur aktivierungsanalytischen Schnellbestimmung (*russ.*) — 6/232
liquid column chromatography
Binärextraktion (*russ.*) — 9/339
liquid drop model
Eigenschaften des Nukleons (kinetische Energie, freie Weglänge, Diffusionskoeffizient) und Viskositätskoeffizient der Kerne im Rahmen des Tröpfchenmodells — 6/217
liquid scintillators
Beeinflussung der Szintillationseffektivität von α -und β-Teilchen in Abhängigkeit vom Löscheffekt bei der Flüssigszintillationsmessung — 6/210
low level counting
Oberflächenaktivierung zur Verschleißuntersuchung bei Präzisionsteilen (*engl.*) — 1/12
Untergrundlaboratorium für Messungen geringer Radioaktivität — 2/60
lunar materials
Kernphysikalische Analysenverfahren bei Mond- und Planetenuntersuchungen (*engl.*) — *9/321

M

manganese
Neutronenaktivierungsanalytische Bestimmung von Zn, Cu, Mn und Au im menschlichen Kopfhaar in den ersten Lebensjahren — 4/138
manganese 54
Retention von ^{60}Co, ^{58}Co/^{54}Mn und ^{110m}Ag nach inhalativer Aufnahme im Menschen — 8/299
Mars planet
Kernphysikalische Analysenverfahren bei Mond- und Planetenuntersuchungen (*engl.*) — *9/321
mass spectroscopy
Isotopentrennung von Kaliumverunreinigungen bei der Oberflächenionisierung (*engl.*) — 5/191
Spurenanalyse an ^{99}Tc-Verbindungen mittels Funkenquellen-Massenspektrographie — 7/279
Untersuchungen zur Bildung von positiven Clusterionen unterschiedlicher Ladungszahl des Silizium-Graphit-Systems im Funkenplasma — 7/281
mass transfer
Allgemeine Theorie für die Trennung an Säulen oder Rechteck-Kaskaden (*engl.*) — 9/330
mathematical models
Praktische Dosimetrie an Gamma-Bestrahlungsanlagen — 1/29
Axiale Verteilung und Homogenisierung in chemischen Anlagensystemen (*engl.*) — 2/47
Neuer kinetischer Isotopieeffekt in Ionenaustauscher- und Lösungsmittel-Extraktions-Systemen (*engl.*) — 5/173
mean free path
Eigenschaften des Nukleons (kinetische Energie, freie Weglänge, Diffusionskoeffizient) und Viskositätskoeffizient der Kerne im Rahmen des Tröpfchenmodells — 6/217
measuring methods
Praktische Dosimetrie an Gamma-Bestrahlungsanlagen — 1/29
Verhalten von Durchflußionisationskammern für die Neutronendosimetrie bei ihrem Einsatz in Gammastrahlungsfeldern — 11/413
medical surveillance
Retention von ^{60}Co, ^{58}Co/^{54}Mn und ^{110m}Ag nach inhalativer Aufnahme im Menschen — 8/299
meetings
XIII. Internat. Symp. „Autoradiographie" in Tabor, 2.—5. Mai 1983 — 1/37
3. Internat. Tagung „Nukleare Analysenverfahren", 11.—15. 4. 1983 in Dresden — 2/74
15. Internat. Symp. „Strahlenschutzphysik", 8.—11. März in Dresden — 3/109
XVIII. Generalversammlung der International Union of Geodesy and Geophysics (IUGG), 15.—27. August 1983 in Hamburg — 3/110
3. Internat. Conf. on Particle Induced X-Ray Emission (PIXE) and its Analytical Applications, 18. bis 22. Juli, Heidelberg — 3/111
20. Nuklearmedizinisches Symp. Reinhardsbrunn, 8.—12. Mai 1983 — 4/153

IAEA: V. ^{15}N-Isotopenkursus in Leipzig, 24. 5.—17. 6. 1983 — 4/154
III. RGW-Symp. über Nuklearpharmaka und RIA-Bestecke vom 20.—23. 9. in Schwerin — 5/198
Symp. „Aktuelle Ergebnisse der ^{15}N-Tracertechnik in der Medizin", 29. 5.—1. 6. 1983 in Rostock — 8/316
3. Arbeitstagung „Isotope in der Natur", 15.—18. 11. 1983 in Leipzig — 9/359
16. Internat. Symp. „Strahlenschutzphysik", 6.—9. 3. 1984 in Dresden — 10/396
Arbeitstagung Ernährung, Österreich /DDR 23. u. 24. 3. 1984 in Leipzig — 12/461
Symp. "Intestinal Digestion and Absorption of Nutrients", 2.—4. 5. 1984 in Leipzig — 12/461

membranes
Dreiphasen-Flüssigkeits-Extraktion oder flüssige Membranen (*russ.*) — 9/345

memorials
Kurt Schwabe, 29. 5. 1905—4. 12. 1983 — 4/117
Engelbert Broda, 29. 8. 1910—26. 10. 1983 — 7/241
Marie Curie, 50. Todestag — 7/243

mercury
Extraktionschromatographie von Hg(II)-Spuren (*engl.*) — 4/135

metabolism
Anwendung von Tracermethoden zur Untersuchung von Biosynthesewegen sowie Stoffwechsel von Wirkstoffen in Pflanzen — *3/81
Auswertung experimenteller Daten der ^{15}N-Tracertechnik in der Medizin — 3/87

meteorites
Multielement-Photonenaktivierungsanalyse mit Hilfe eines Mikrotrons (*russ.*) — 7/272

microanalysis
Spurenanalyse an ^{99}Tc-Verbindungen mittels Funkenquellen-Massenspektrographie — 7/279

mixer-settlers
Laboruntersuchungen zur Gewinnung eines Am-Konzentrats aus PUREX-Raffinatlösung — 1/19

mixing
Axiale Verteilung und Homogenisierung in chemischen Anlagensystemen (*engl.*) — 2/47
Autoradiographische Untersuchungen zur Produktion technischer Kohle mit dem Densitron II(*engl.*) — 10/388

molybdenum
Adsorptionsuntersuchungen für einen ^{99m}Tc-Generator (*engl.*) — 2/69

Moon
Kernphysikalische Analysenverfahren bei Mond- und Planetenuntersuchungen (*engl.*) — *9/321

multi-element analysis
Multielementanalyse galvanischer Schichten mit der niederenergetischen PIXE — 6/227
Multielement-Photonenaktivierungsanalyse mit Hilfe eines Mikrotrons (*russ.*) — 7/272

N

natural radioactivity
Untergrundlaboratorium für Messungen geringer Radioaktivität — 2/60

neptunium
Bestimmung von Transuran-Nukliden in Kernbrennstoff durch Alpha- und Gamma-Spektroskopie (*russ.*) — 11/407

neptunium 237
Anwendung der Isotopenverdünnung bei der alphaspektrometrischen und aktivierungsanalytischen Bestimmung von ^{237}Np im bestrahlten Kernbrennstoff — 4/131

neutron activation analysis
Nukleoanalytische Methoden in der Halbleiterindustrie (*engl.*) — *2/41
Metallbestimmung in ^{14}C-markierten zinnorganischen Verbindungen durch Neutronenaktivierung — 2/58
Neutronenaktivierungsanalytische Bestimmung von Zn, Cu, Mn und Au im menschlichen Kopfhaar in den ersten Lebensjahren — 4/138
Gegenüberstellung der Tiefenverteilung von Defekten und mittels Neutronenaktivierungsanalyse bestimmter Schwermetallverunreinigungen in Cz–Si nach Mehrstufenwärmebehandlung — 6/212
Einsatz synthetischer Meßstandards zur quantitativen Elementbestimmung in dünnen Widerstandsschichten mittels Neutronenaktivierungsanalyse — 6/221
Bewertung der k_0-Methode anhand ihrer Anwendung auf die (n, γ)-RNAA von geologischem, Umwelt- und Ton-Bezugsmaterial (*engl.*) — 6/223
Neutronenaktivierungsanalytische Spurenelementbestimmung in Halbleiterselen. Teil II: Arbeitsanleitungen und Trennvorschriften — 7/263
Ausbeutebestimmung in der Neutronenaktivierungsanalyse durch Röntgenfluoreszenz — 7/269
Autoradiographie von Stickstoff anhand von Koinzidenzspuren (*russ.* — 11/431
Möglichkeit der SiC-Untersuchung mit Methoden der Spuren-Autoradiographie (*russ.*) — 12/452

neutron beams
Verhalten von Durchfluß-Ionisationskammern für die Neutronendosimetrie bei ihrem Einsatz in Gammastrahlungsfeldern — 11/413

neutron density
Spektralverteilung der Neutronendosis in einem Phantom (*engl.*) — 11/416

neutron dosimetry
Verhalten von Durchflußionisationskammern für die Neutronendosimetrie bei ihrem Einsatz in Gammastrahlungsfeldern — 11/413

neutron fluence/sources
Spektralverteilung der Neutronendosis in einem Phantom (*engl.*) — 11/416

new books
1/39; 2/75; 3/112; 4/154; 5/199; 6/235; 7/284; 8/317; 9/361; 10/397; 11/412 u. 434; 12/451 u. 462

Ni base allyos
Festkörper-Spurdetektoren in der Technologie der Hartlötverbindung von Hochtemperaturlegierungen auf Ni-Basis (*engl.*) — 11/422

niobium
Konzentration und Abtrennung von radioaktivem Cs aus Reaktorwasser unter Verwendung von Ti-Hexacyanoferrat (*engl.*) — 4/141

nitrogen
Autoradiographie von Stickstoff anhand von Koinzidenzspuren (*russ.*) — 11/431

nitrogen 15
Tracermethoden zur Untersuchung von Biosynthesewegen sowie Stoffwechsel von Wirkstoffen in Pflanzen — *3/81
Auswertung experimenteller Daten der ^{15}N-Tracertechnik in der Medizin — 3/87
Darstellung von hochangereichertem ^{15}N-markiertem Hefeprotein — 3/90
Darstellung von $^{15}NO_2BF_4$ und $^{15}NOBF_4$ — 3/108
MNDO- und MINDO/3-MO-Berechnungen zur ^{14}N/^{15}N- und ^{16}O/^{18}O-Substitution — 5/169
^{15}N-Markierung der in einem zellfreien Translationssystem *de novo* synthetisierten Proteine — 8/314
Einfluß von Östrogenen auf die ^{15}N-Bilanz im Urin von Mädchen (*engl.*) — 8/296

nitrogen compounds
Darstellung von hochangereichertem ^{15}N-markiertem Hefeprotein — 3/90
Darstellung von $^{15}NO_2BF_4$ und $^{15}NOBF_4$ — 3/108

nitrogen isotopes
Kinetische Untersuchung der ^{15}N-Isotopenfraktionierung von Ammonium-Düngemitteln in ägyptischen Böden (*engl.*) — 1/27
Phasengleichgewicht beim chemischen Ionenaustausch mit Absorption und Bestimmung des effektiven Trennfaktors (*russ.*) — 5/188

nondestructive analysis
Beseitigung des Matrix-Effekts bei der Röntgen-Fluoreszenzanalyse mit Hilfe der Rückstreuung (*engl.*) — 4/133
Multielementanalyse galvanischer Schichten mit der niederenergetischen PIXE — 6/227
PIXE-Tiefenprofilmessungen von galvanischen Überzügen — 6/230

Stand und Perspektiven der Aktivierungs-Autoradiographie (*russ.*) — 12/446
non-proliferation treaty
Neues Atomenergiegesetz der DDR — 12/460
nuclear fuels
Alphaspektrometrische Isotopenverdünnungsanalyse von Plutoniumisotopen in Kernbrennstofflösungen — 11/401
nuclear materials possession
Neues Atomenergiegesetz der DDR — 12/460
nuclear power plants
Feuchtigkeitsmigration im Beton eines speziellen Testgebäudes unter simulierten Lastbedingungen (*engl.*) — 1/24
Bestimmung von Dichteschwankungen in Strahlenschutzwänden aus Beton mit Hilfe von 10-MeV-Röntgenbremsstrahlung eines Linearbeschleunigers (*engl.*) — 2/53
nuclei
Eigenschaften des Nukleons (kinetische Energie, freie Weglänge, Diffusionskoeffizient) und Viskositätskoeffizient der Kerne im Rahmen des Tröpfchenmodells — 6/217
nutrients
Darstellung von hochangereichertem ^{15}N-markiertem Hefeprotein — 3/90
nutritional deficiency
Umkehr-Trijodthyronin bei Eiweiß-Unterernährung (*engl.*) — 8/293

O

oils
Fraktionierung stabiler Kohlenstoffisotope und Genese einiger Rohölvorkommen in Ägypten (*engl.*) — 5/180
opacity
Erfahrungenbeim Einsatz von strahlenresistentem synthetischem Kieselglas — 11/432
ore composition
Multielement-Photonenaktivierungsanalyse mit Hilfe eines Mikrotrons (*russ.*) — 7/272
organic phosphorous compounds
Herstellung von Ru-Nitrosylnitratlösungen und die Extraktion der Ru-Komplexe mit neutralen phosphororganischen Verbindungen — 6/201
organic solvents
Binärextraktion (*russ.*) — 9/339
Schwefelhaltige Extraktionsmittel zur Trennung von Edel- und Buntmetallen (*russ.*) — 9/352
organic sulfur compounds
Schwefelhaltige Extraktionsmittel zur Trennung von Edel- und Buntmetallen (*russ.*) — 9/352
Radiotracermethode zur Bestimmung der Verteilung schwefelhaltiger Dispergiermittel in Emulsionspolymerisaten — 10/378
organic tin compounds
Metallbestimmung in ^{14}C-markierten zinnorganischen Verbindungen durch Neutronenaktivierung — 2/58
oxygen 18
Isotopenzusammensetzung des Grundwassers von Kufra (Libyen) als Indikator für die Grundwasserbildung (*engl.*) — 2/64
Tracermethoden zur Untersuchung von Biosynthesewegen sowie Stoffwechsel von Wirkstoffen in Pflanzen — *3/81
MNDO- und MINDO/3-MO-Berechnungen zur $^{14}N/^{15}N$- und $^{16}O/^{18}O$-Substitution — 5/169

P

palladium
Gewinnung von Tc und Pd aus der Abfallösung der Kernbrennstoffwiederaufarbeitung. Teil 1: Extraktion mit Tri-n-octylamin — 3/93; Teil 2: Selektivitätsuntersuchungen und Testung einer Laboranlage — 3/97
partition functions
Reduzierte Zustandssummenverhältnisse isotoper Moleküle auf quantenchemischer Grundlage. II.Mitt. MNDO- und MINDO/3-MO-Berechnungen zur H/D-Substitution — 5/161; III. Mitt. MNDO- und MINDO/3-MO-Berechnungen zur $^{12}C/^{13}C$-Substitution — 5/165; IV. Mitt. MNDO- und MINDO/3-MO-Berechnungen zur $^{14}N/^{15}N$- und $^{16}O/^{18}O$-Substitution — 5/169; V. Mitt. MNDO-MO-Berechnungen zur $^{28}Si/^{30}Si$-, $^{32}S/^{34}S$- und $^{35}Cl/^{37}Cl$-Substitution — 12/437; VI. Mitt.: MINDO/3-MO-Berechnungen von Radikalkationen — 12/440
passivity
Radiotracertechnik in der Korrosionsforschung. Teil III: Wechselwirkungen von Wasser und seinen Bestandteilen an Metalloberflächen — *1/1
patients
Wirkung der Diabetes-mellitus-Kontrolle auf die T_4-, T_3- und rT_3-Niveaus des Plasmas und auf die halbe Muskelentspannungszeit (*engl.*) — 8/289
pediatrics
Umkehr-Trijodthyronin bei Eiweiß-Unterernährung (*engl.*) — 8/293
Einfluß von Östrogenen auf die ^{15}N-Bilanz im Urin von Mädchen (*engl.*) — 8/296
phantoms
Spektralverteilung der Neutronendosis in einem Phantom (*engl.*) — 11/416
photographic film detectors
Empfindlichkeit eines Autoradiographiefilms gegen ionisierende Strahlung verschiedener Art und Energie — 4/127
photolysis
Metallbestimmung in ^{14}C-markierten zinnorganischen Verbindungen durch Neutronenaktivierung — 2/58
photon activation analysis
Multielement-Photonenaktivierungsanalyse mit Hilfe eines Mikrotrons (*russ.*) — 7/272
pituitary glands
Keimdrüsenachse bei fruchtbaren und unfruchtbaren männlichen Versuchspersonen (*engl.*) — 8/285
planets
Kernphysikalische Analysenverfahren bei Mond- und Planetenuntersuchungen (*engl*) — *9/321
plasma
Untersuchungen zur Bildung von positiven Clusterionen unterschiedlicher Ladungszahl des Silizium-Graphit-Systems im Funkenplasma — 7/281
plutonium
Bestimmung von Transuran-Nukliden in Kernbrennstoff durch Alpha- und Gamma-Spektroskopie (*russ.*) — 11/407
plutonium isotopes
Alphaspektrometrische Isotopenverdünnungsanalyse von Plutoniumisotopen in Kernbrennstofflösungen — 11/401
polonium alloys
Stabilität der Polonide der Übergangsmetalle sowie des Kupfers, des Silbers und des Goldes — 12/454
polymerization
Radiotracermethode zur Bestimmung der Verteilung schwefelhaltiger Dispergiermittel in Emulsionspolymerisaten — 10/378
potassium
Isotopentrennung von Kaliumverunreinigungen bei der Oberflächenionisierung (*engl.*) — 5/191
potentiometry
Innere isotopische Verdünnung — 7/259
pregnancy
Hormonelle Wechselwirkung bei Diabetiker-Schwangerschaft (*engl.*) — 8/306
progesterone/prolactin
Hormonelle Wechselwirkung bei Diabetiker-Schwangerschaft (*engl.*) — 8/306
proportional counters
Röntgenfluoreszenzanalytische Bestimmung des Kalziumoxid-, Eisenoxid- und Aschegehaltes in Braunkohle — 10/381
proteins
^{15}N-Markierung der in einem zellfreien Translationssystem *de novo* synthetisierten Proteine — 8/314
proton probes
Multielementanalyse galvanischer Schichten der mit niederenergetischen PIXE — 6/227
PIXE-Tiefenprofilmessungen von galvanischen Überzügen — 6/230

pubertal growth
Einfluß von Östrogenen auf die ^{15}N-Bilanz im Urin von Mädchen (*engl.*) — 8/296

Q

quantitative chemical analysis
Bestimmung von Elementspuren im Uran mittels Atom-Absorptionsspektrometrie nach Vorabtrennung der Matrix — 4/129
Anwendung der Isotopenverdünnung bei der alphaspektrometrischen und aktivierungsanalytischen Bestimmung von ^{237}Np im bestrahlten Kernbrennstoff — 4/131
Einsatz synthetischer Meßstandards zur quantitativen Elementbestimmung in dünnen Widerstandsschichten mittels Neutronenaktivierungsanalyse — 6/221
Röntgenfluoreszenzanalytische Bestimmung des Kalziumoxid-, Eisenoxid- und Aschegehaltes in Braunkohle — 10/381
quantum chemistry
Untersuchungen zur Bildung von positivep Clusterionen unterschiedlicher Ladungszahl des Silizium-Graphit-Systems im Funkenplasma — 7/281
quantum mechanics
Reduzierte Zustandssummenverhältnisse isotoper Moleküle auf quantenchemischer Grundlage. II. Mitt. MNDO- und MINDO/3-MO-Berechnungen zur H/D-Substitution — 5/161; III. Mitt. MNDO- und MINDO/D-MO-Berechnungen zur $^{12}C/^{13}C$-Substitution — 5/165; IV. Mitt. MNDO- und MINDO/3-MO-Berechnungen zur $^{14}N/^{15}N$- und $^{16}O/^{18}O$-Substitution — 5/169; V. Mitt. MNDO-MO-Berechnungen zur $^{28}Si/^{30}Si$-, $^{32}S/^{34}S$- und $^{35}Cl/^{37}Cl$-Substitution — 12/437; VI.Mitt. MINDO/3-Berechnungen von Radikalkationen — 12/440

R

radical cations
MINDO/3-MO-Berechnungen von Radikalkationen — 12/440
radiation chemistry
15 Jahre Zentralinstitut für Isotopen- und Strahlenforschung der AdW der DDR — *10/365
radiation detectors
Radionuklidanwendung in der Industrie der DDR — *10/373
radiation doses
RGW-Vergleich der Normalmeßeinrichtungen zur Darstellung und Weitergabe der Expositionsdosis von Quantenstrahlung im Röntgen-Anregungsspannungsbereich von 8 bis 60 kV — 4/149
Wirkung unterschiedlicher Strahlungsdosen auf die Verteilung von ^{144}Ce in Kaninchen (*engl.*) — 8/309
Einfluß von Gamma-Strahlung auf den elektrischen Widerstand einiger Metall-Acetylacetonat-Komplexe (*engl.*) — 8/312
Erfahrungen beim Einsatz von strahlenresistentem synthetischem Kieselglas — 11/432
radiation protection
Bestimmung von Dichteschwankungen in Strahlenschutzwänden aus Beton mit Hilfe von 10-MeV-Röntgenbremsstrahlung eines Linearbeschleunigers (*engl.*) — 2/53
Erfahrungen beim Einsatz von strahlenresistentem synthetischem Kieselglas — 11/432
radioactivation
Oberflächenaktivierung zur Verschleißuntersuchung bei Präzisionsteilen (*engl.*) — 1/12
Stand und Perspektiven der Aktivierungs-Autoradiographie (*russ.*) — 12/446
radioactive waste disposal
Neue Rechtsvorschriften über die Erfassung und Endlagerung radioaktiver Abfälle in der DDR — 1/34
radioactive waste processing
Entwicklung eines Extraktionsverfahrens zur Gewinnung von Tc und Pd aus der Abfallösung der Kernbrennstoffwiederaufarbeitung. Teil 1: Extraktion mit Tri-n-octylamin — 3/93; Teil 2: Selektivitätsuntersuchungen und Testung einer Laboranlage — 3/97
radioactivity
50. Todestag von *Marie Curie* — 7/243
Automatischer Probenwechsler zur Messung von β-Aktivitäten — 10/392
radioimmunoassay
Keimdrüsenachse /bei fruchtbaren und unfruchtbaren männlichen Versuchspersonen (*engl.*) — 8/285
radioisotope generators
Adsorptionsuntersuchungen für einen ^{99m}Tc-Generator (*engl.*) — 2/69
radioisotopes
Traceruntersuchung zur gleichzeitigen Homogenisierung und Segregation in industriellen Ausrüstungen (*engl.*) — 1/16
Spurenanalyse an ^{99}Tc-Verbindungen mittels Funkenquellen-Massenspektrographie — 7/279
15 Jahre Zentralinstitut für Isotopen- und Strahlenforschung der AdW der DDR — *10/365
Radionuklidanwendung in der Industrie der DDR — *10/373
Eichsatz für die quantitative Autoradiographie — 12/458
radiolysis
Wirkung von Wärme- und Strahlungsbehandlung auf die enzymatische Hydrolyse bei Zelluloseabfällen (*engl.*) — 11/425
radiometric gages
Stand und Entwicklungstendenzen der radiometrischen Flächenmassemeßtechnik — *4/119
Radionuklidanwendung in der Industrie der DDR — *10/373
Einfluß von Meßgutinhomogenitäten auf das Signal radiometrischer Meßstrecken — 10/386
radionuclide kinetics
Wirkung unterschiedlicher Strahlungsdosen auf die Verteilung von ^{144}Ce in Kaninchen (*engl.*) — 8/309
radionuclide migration
Feuchtigkeitsmigration im Beton eines speziellen Testgebäudes unter simulierten Lastbedingungen (*engl.*) — 1/24
radiopharmaceuticals
15 Jahre Zentralinstitut für Isotopen- und Strahlenforschung der AdW der DDR — *10/365
rare earths
Laboruntersuchungen zur Gewinnung eines Am-Konzentrats aus PUREX-Raffinatlösung — 1/19
receptors
Einfluß von Epinephrin und Insulin auf den Glucosemetabolismus in isolierten Fettzellen (*engl.*) — 8/304
regulatory guides
Neue Rechtsvorschriften über die Erfassung und Endlagerung radioaktiver Abfälle in der DDR — 1/34
reprocessing
Anwendung der Isotopenverdünnung bei der alphaspektrometrischen und aktivierungsanalytischen Bestimmung von ^{237}Np im bestrahlten Kernbrennstoff — 4/131
research programs
15 Jahre Zentralinstitut für Isotopen- und Strahlenforschung der AdW der DDR — *10/365
response functions
Axiale Verteilung und Homogenisierung in chemischen Anlagensystemen (*engl.*) — 2/47
retention function
Retention von ^{60}Co, $^{58}Co/^{54}Mn$ und ^{110m}Ag nach inhalativer Aufnahme im Menschen — 8/299
reviews
Anwendung der Radiotracertechnik in der Korrosionsforschung. Teil III: Wechselwirkungen von Wasser und seinen Bestandteilen an Metalloberflächen — *1/1
Anwendung von Tracermethoden zur Untersuchung von Biosynthesewegen sowie Stoffwechsel von Wirkstoffen in Pflanzen — *3/81
50. Todestag von *Marie Curie* — 7/243
15 Jahre Zentralinstitut für Isotopen- und Strahlenforschung der AdW der DDR — *10/365
Stand und Perspektiven der Aktivierungs-Autoradiographie (*russ.*) — 12/446
Rh
Keimdrüsenachse bei fruchtbaren und unfruchtbaren männlichen Versuchspersonen (*engl.*) — 8/285
rubidium 86
Untersuchung des Austauschs von Cs- und Rb-Ionen an Kalium-

Kobalt-Hexacyanoferrat mit Hilfe einer radioaktiven Indikatormethode (*engl.*) — 3/101
ruthenium
Konzentration und Abtrennung von radioaktivem Cs aus Reaktorwasser unter Verwendung von Ti-Hexacyanoferrat (*engl.*) — 4/141
ruthenium compounds
Herstellung von Ru-Nitrosylnitratlösungen und die Extraktion der Ru-Komplexe mit neutralen phosphororganischen Verbindungen — 6/201

S

saccharomyces
Präparative Darstellung von hochangereichertem ^{15}N-markiertem Hefeprotein — 3/90
safeguards
Neue Rechtsvorschriften über die Erfassung und Endlagerung radioaktiver Abfälle in der DDR — 1/34
Neues Atomenergiegesetz der DDR — 12/460
scattering
Radionuklidanwendung in der Industrie der DDR — *10/373
Schwabe, Kurt
29. 5. 1905—4. 12. 1983, *in memoriam* — 4/117
scintillation counters
Einfluß von Meßgutinhomogenitäten auf das Signal radiometrischer Meßstrecken — 10/386
scintillation counting/quenching
Beeinflussung der Szintillationseffektivität von α- und β-Teilchen in Abhängigkeit vom Löscheffekt bei der Flüssigszintillationsmessung — 6/210
selenium
Neutronenaktivierungsanalytische Spurenelementbestimmung in Halbleiterselen. Teil II: Arbeitsanleitungen und Trennvorschriften — 7/263
self-diffusion
Eigenschaften des Nukleons (kinetische Energie, freie Weglänge, Diffusionskoeffizient) und Viskositätskoeffizient der Kerne im Rahmen des Tröpfchenmodells — 6/217
semiconductor detectors
Praktische Dosimetrie an Gamma-Bestrahlungsanlagen — 1/29
semiconductor materials
Nuklearanalytische Methoden in der Halbleiterindustrie (*engl.*) — *2/41
Neutronenaktivierungsanalytische Spurenelementbestimmung in Halbleiterselen. Teil II: Arbeitsanleitungen und Trennvorschriften — 7/263
Möglichkeit der SiC-Untersuchung mit Methoden der Spuren-Autoradiographie (*russ.*) — 12/452
sensitivity
Nuklearanalytische Methoden in der Halbleiterindustrie (*engl.*) — *2/41
Empfindlichkeit eines Autoradiographiefilms gegen ionisierende Strahlung verschiedener Art und Energie — 4/127
Eichsatz für die quantitative Autoradiographie — 12/458
separation processes
Laboruntersuchungen zur Gewinnung eines Am-Konzentrats aus PUREX-Raffinatlösung — 1/19
Berechnung der Trennstufenhöhe bei der Isotopentrennung durch chemischen Austausch in Füllkörperkolonnen (*russ.*) — 5/183
Allgemeine Theorie für die Trennung an Säulen oder Rechteck-Kaskaden (*engl.*) — 9/330
Binärextraktion (*russ.*) — 9/339
Dreiphasen-Flüssigkeits-Extraktion oder flüssige Membranen (*russ.*) — 9/345
shielding
Erfahrungen beim Einsatz von strahlenresistentem synthetischem Kieselglas — 11/432
shielding materials
Untersuchung der Schwächung der Dosisverteilung der Gesamt-Gammastrahlung in einer Mehrschichtabschirmung (*engl.*) — 11/419
silicon
Anwendung eines kleineren Deuteronenbeschleunigers zur aktivierungsanalytischen Schnellbestimmung (*russ.*) — 6/232
Untersuchungen zur Bildung von positiven Clusterionen unterschiedlicher Ladungszahl des Silizium-Graphit-Systems im Funkenplasma — 7/281
silicon 30
MNDO-MO-Berechnungen zur $^{28}Si/^{30}Si$-, $^{32}S/^{34}S$- und $^{35}Cl/^{37}Cl$-Substitution — 12/437
silicon carbides
Autoradiographische Untersuchungen zur Produktion technischer Kohle mit dem Densitron II (*engl.*) — 10/388
Möglichkeit der SiC-Untersuchung mit Methoden der Spuren-Autoradiographie (*russ.*) — 12/452
silicon oxides
Erfahrungen beim Einsatz von strahlenresistentem synthetischem Kieselglas — 11/432
silver 110
Bestimmung von Verteilungskoeffizienten in In mittels radioaktiver Nuklide — 6/207
silver 110m
Retention von ^{60}Co, $^{58}Co/^{54}Mn$ und ^{110m}Ag nach inhalativer Aufnahme im Menschen — 8/299
soils
Kinetische Untersuchung der ^{15}N-Isotopenfraktionierung von Ammonium-Düngemitteln in ägyptischen Böden (*engl.*) — 1/27
solid solutions
Bestimmung von Verteilungskoeffizienten in In mittels radioaktiver Nuklide — 6/207
solutions
Phasengleichgewicht beim chemischen Ionenaustausch mit Absorption und Bestimmung des effektiven Trennfaktors (*russ.*) — 5/188
solvent extraction
Laboruntersuchungen zur Gewinnung eines Am-Konzentrats aus PUREX-Raffinatlösung — 1/19
Entwicklung eines Extraktionsverfahrens zur Gewinnung von Tc und Pd aus der Abfallösung der Kernbrennstoffwiederaufarbeitung. Teil 1: Extraktion mit Tri-n-octylamin — 3/93; Teil 2: Selektivitätsuntersuchungen und Testung einer Laboranlage — 3/97
Bestimmung von Elementspuren im Uran mittels Atom-Absorptionsspektrometrie nach Vorabtrennung der Matrix — 4/129
Neuer kinetischer Isotopieeffekt in Ionenaustauscher- und Lösungsmittel-Extraktions-Systemen (*engl.*) — 5/173
Herstellung von Ru-Nitrosylnitratlösungen und die Extraktion der Ru-Komplexe mit neutralen phosphororganischen Verbindungen — 6/201
Binärextraktion (*russ.*) — 9/339
Dreiphasen-Flüssigkeits-Extraktion oder flüssige Membranen (*russ.*) — 9/345
Schwefelhaltige Extraktionsmittel zur Trennung von Edel- und Buntmetallen (*russ.*) — 9/352
spatial distribution
Gegenüberstellung der Tiefenverteilung von Defekten und mittels Neutronenaktivierungsanalyse bestimmter Schwermetallverunreinigungen in Sz-Si nach Mehrstufenwärmebehandlung — 6/212
PIXE-Tiefenprofilmessungen von galvanischen Überzügen — 6/230
Autoradiographische Untersuchungen zur Produktion technischer Kohle mit dem Densitron II (*engl.*) — 10/388
spent fuel elements
Anwendung der Isotopenverdünnung bei der alphaspektrometrischen und aktivierungsanalytischen Bestimmung von ^{237}Np im bestrahlten Kernbrennstoff — 4/131
Bestimmung von Transuran-Nukliden in Kernbrennstoff durch Alpha- und Gamma-Spektroskopie (*russ.*) — 11/407
stable isotopes
Reduzierte Zustandssummenverhältnisse isotoper Moleküle auf quantenchemischer Grundlage. II. Mitt. MNDO- und MINDO/3-MO-Berechnungen zur H/D-Substitution — 5/161; III. Mitt. MNDO- und MINDO/3-MO-Berechnungen zur $^{12}C/^{13}C$-Substitution — 5/165; IV. Mitt. MNDO- und MINDO/3-MO-Berechnungen zur $^{14}N/^{15}N$- und $^{16}O/^{18}O$-Substitution — 5/169; V. Mitt.

MNDO-MO-Berechnungen zur $^{28}Si/^{30}Si$-, $^{32}S/^{34}S$- und $^{35}Cl/^{37}Cl$-Substitution — 12/437; VI. Mitt.: MINDO/3-MO-Berechnungen von Radikalkationen — 12/440
Fraktionierung stabiler Kohlenstoffisotope und Genese einiger Rohölvorkommen in Ägypten (*engl.*) — 5/180
Berechnung der Trennstufenhöhe bei der Isotopentrennung durch chemischen Austausch in Füllkörperkolonnen (*russ.*) — 5/183
Phasengleichgewicht beim chemischen Ionenaustausch mit Absorption und Bestimmung des effektiven Trennfaktors (*russ.*) — 5/188
Darstellung deuterierter heterocyclischer Fünfringverbindungen vom Typ Furan, Thiophen und Pyrrol durch basenkatalysierten Wasserstoffisotopenaustausch mit Deuteriumoxid — 6/234
Isotopenhydrologische Untersuchungen — Arbeiten aus dem GSF-Institut für Radiohydrometrie — 7/247
15 Jahre Zentralinstitut für Isotopen- und Strahlenforschung der AdW der DDR — *10/365

standardization
Neue Rechtsvorschriften über die Erfassung und Endlagerung radioaktiver Abfälle in der DDR — 1/34
RGW-Vergleich der Normalmeßeinrichtungen zur Darstellung und Weitergabe der Expositionsdosis von Quantenstrahlung im Röntgen-Anregungsspannungsbereich von 8 bis 60 kV — 4/149
Einsatz synthetischer Meßstandards zur quantitativen Elementbestimmung in dünnen Widerstandsschichten mittels Neutronenaktivierungsanalyse — 6/221
Bewertung der k_0-Methode anhand ihrer Anwendung auf die (n, γ)-RNAA von geologischem, Umwelt- und Ton-Bezugsmaterial (*engl.*) — 6/223

starch
Gewinnung der mit ^{14}C-Stärke angereicherten Biomasse von *Chlorella* (*russ.*) — 2/71

statistical mechanics
Reduzierte Zustandssummenverhältnisse isotoper Moleküle auf quantenchemischer Grundlage. II. Mitt. MNDO- und MINDO/3-MO-Berechnungen zur H/D-Substitution — 5/161; III. Mitt. MNDO- und MINDO/3-MO-Berechnungen zur $^{12}C/^{13}C$-Substitution — 5/165; IV. Mitt. MNDO- und MINDO/3-MO-Berechnungen zur $^{14}N/^{15}N$- und $^{16}O/^{18}O$-Substitution — 5/169; V. Mitt. MNDO-MO-Berechnungen zur $^{28}Si/^{30}Si$-, $^{32}S/^{34}S$- und $^{35}Cl/^{37}Cl$-Substitution — 12/437; VI. Mitt. MINDO/3-MO-Berechnungen von Radikalkationen — 12/440

steels
Anwendung der Isotopenverdünnung zur Untersuchung von Korrosionsprozessen in Metallen — 1/9
Innere isotopische Verdünnung — 7/259

STH
Einfluß von Östrogenen auf die ^{15}N-Bilanz im Urin von Mädchen (*engl.*) — 8/296

steroid hormones
Keimdrüsenachse bei fruchtbaren und unfruchtbaren männlichen Versuchspersonen (*engl.*) — 8/285
Hormonelle Wechselwirkung bei Diabetiker-Schwangerschaft (*engl.*) — 8/306

sulfur 34
MNDO-MO-Berechnungen zur $^{28}Si/^{30}Si$-, $^{32}S/^{34}S$- und $^{35}Cl/^{37}Cl$-Substitution — 12/437

sulfur 35
Bestimmung der Verteilung schwefelhaltiger Dispergiermittel in Emulsionspolymerisaten — 10/378

surfaces
Anwendung der Radiotracertechnik in der Korrosionsforschung. Teil III: Wechselwirkungen von Wasser und seinen Bestandteilen an Metalloberflächen — *1/1
Oberflächenaktivierung zur Verschleißuntersuchung bei Präzisionsteilen (*engl.*) — 1/12
Phasengleichgewicht beim chemischen Ionenaustausch mit Absorption und Bestimmung des effektiven Trennfaktors (*russ.*) — 5/188
Isotopentrennung von Kaliumverunreinigungen bei der Oberflächenionisierung (*engl.*) — 5/191

T

TBP
Laboruntersuchungen zur Gewinnung eines Am-Konzentrats aus PUREX-Raffinatlösung — 1/19

technetium
Entwicklung eines Extraktionsverfahrens zur Gewinnung von Tc und Pd aus der Abfallösung der Kernbrennstoffwiederaufarbeitung. Teil 1: Extraktion mit Tri-n-octylamin — 3/93; Teil 2: Selektivitätsuntersuchungen und Testung einer Laboranlage — 3/97
Herstellung von Ru-Nitrosylnitratlösungen und die Extraktion der Ru-Komplexe mit neutralen phosphororganischen Verbindungen — 6/201
Spurenanalyse an ^{99}Tc-Verbindungen mittels Funkenquellen-Massenspektrographie — 7/279

technetium 99m
Adsorpionsuntersuchungen für einen ^{99m}Tc-Generator (*engl.*) — 2/69
Herstellung und Qualitätskontrolle von markiertem Ca-Glucoheptonat (*engl.*) — 3/105
Radioaktive Umwandlung des Nuklids ^{99m}Tc im Kaliumhexafluorotechnetat — 6/205
Zerfallskonstante der inneren Konversion von ^{99m}Tc im metallischen Zustand — 12/443

temperature dependence
Untersuchung des Austauschs von Cs- und Rb-Ionen an Kalium-Kobalt-Hexacyanoferrat mit Hilfe einer radioaktiven Indikatormethode (*engl.*) — 3/101

tetrachloromethane
Entwicklung eines Extraktionsverfahrens zur Gewinnung von Tc und Pd aus der Abfallösung der Kernbrennstoffwiederaufarbeitung. Teil 1: Extraktion mit Tri-n-octylamin — 3/93

thermal diffusion
Allgemeine Theorie für die Trennung an Säulen oder Rechteck-Kaskaden (*engl.*) — 9/330

thermal shields
Schwächung der Dosisverteilung der Gesamt-Gammastrahlung in einer Mehrschichtabschirmung (*engl.*) 11/419

thermodynamic properties
Stabilität der Polonide der Übergangsmetalle sowie des Kupfers, des Silbers und des Goldes — 12/454

thickness
Einsatz synthetischer Meßstandards zur quantitativen Elementbestimmung in dünnen Widerstandsschichten mittels Neutronenaktivierungsanalyse — 6/221

thickness gages
Stand und Entwicklungstendenzen der radiometrischen Flächenmassemeßtechnik — *4/119

thymidine nucleotides
Stabilität von [methyl-^{3}H]Thymidin-5′-triphosphat — 2/73

thyroglobin
Umkehr-Trijodthyronin bei Eiweiß-Unterernährung (*engl.*) — 8/293

thyroid hormones
Wirkung oraler hypoglykämischer Pharmaka und des Trijodthyronins sowie ihre Wechselwirkung beim Nukleotid-Metabolismus bei beginnendem Diabetes (*engl.*) — 5/193
Wirkung der Diabetes-mellitus-Kontrolle auf die T_4, T_3- und rT_3-Niveaus des Plasmas und auf die halbe Muskelentspannungszeit (*engl.*) — 8/289
Umkehr-Trijodthyronin bei Eiweiß-Unterernährung (*engl.*) — 8/293

thyroiditis
Spurenelementkonzentration im Haar bei Patienten mit Schilddrüsenerkrankungen — 8/301

thyronine
Wirkung oraler hypoglykämischer Pharmaka und des Trijodthyronins sowie ihre Wechselwirkung beim Nukleotid-Metabolismus bei beginnendem Diabetes (*engl.*) — 5/193

thyroxine
Wirkung der Diabetes-mellitus-Kontrolle auf die T_4-, T_3- und rT_3-Ni-

veaus des Plasmas und auf die halbe Muskelentspannungszeit (*engl.*) — 8/289

time dependence

Neuer kinetischer Isotopieeffekt in Ionenaustauscher- und Lösungsmittel-Extraktions-Systemen (*engl.*) — 5/173

tin

Metallbestimmung in ^{14}C-markierten zinnorganischen Verbindungen durch Neutronenaktivierung—2/58

tissues

Herstellung und Qualitätskontrolle von ^{99m}Tc-markiertem Ca-Glucoheptonat (*engl.*) — 3/105

titanium complexes

Konzentration und Abtrennung von radioaktivem Cs aus Reaktorwasser unter Verwendung von Ti-Hexacyanoferrat (*engl.*) — 4/141

TOA

Entwicklung eines Extraktionsverfahrens zur Gewinnung von Tc und Pd aus der Abfallösung der Kernbrennstoffwiederaufarbeitung. Teil 1: Extraktion von Tc und Pd mit Tri-n-octylamin — 3/93; Teil 2: Selektivitätsuntersuchungen und Testung einer Laboranlage — 3/97

trace amounts

Nuklearanalytische Methoden in der Halbleiterindustrie (*engl.*) — *2/41

Neutronenaktivierungsanalytische Bestimmung von Zn, Cu, Mn und Au im menschlichen Kopfhaar in den ersten Lebensjahren — 4/138

Bestimmung von Verteilungskoeffizienten in In mittels radioaktiver Nuklide — 6/207

Gegenüberstellung der Tiefenverteilung von Defekten und mittels Neutronenaktivierungsanalyse bestimmter Schwermetallverunreinigungen in Cz–Si nach Mehrstufenwärmebehandlung — 6/212

Neutronenaktivierungsanalytische Spurenelementbestimmung in Halbleiterselen. Teil II: Arbeitsanleitungen und Trennvorschriften — 7/263

Spurenanalyse an ^{99}Tc-Verbindungen mittels Funkenquellen-Massenspektrographie — 7/279

Spurenelementkonzentration im Haar bei Patienten mit Schilddrüsenerkrankungen — 8/301

tracer techniques

Anwendung der Radiotracertechnik in der Korrosionsforschung. Teil III: Wechselwirkungen von Wasser und seinen Bestandteilen an Metalloberflächen — *1/1

Oberflächenaktivierung zur Verschleißuntersuchung bei Präzisionsteilen (*engl.*) — 1/12

Traceruntersuchung zur gleichzeitigen Homogenisierung und Segregation in industriellen Ausrüstungen (*engl.*) — 1/16

Untersuchung der Feuchtigkeitsmigration im Beton eines speziellen Testgebäudes unter simulierten Lastbedingungen (*engl*) — 1/24

Axiale Verteilung und Homogenisierung in chemischen Anlagensystemen (*engl.*) — 2/47

Anwendung von Tracermethoden zur Untersuchung von Biosynthesewegen sowie Stoffwechsel von Wirkstoffen in Pflanzen — *3/81

Traceruntersuchung der Dynamik von Gasströmen im Katalysatorbett (*engl.*) — 4/143

Innere isotopische Verdünnung — 7/259

15 Jahre Zentralinstitut für Isotopen- und Strahlenforschung der AdW der DDR — *10/365

Radionuklidanwendung in der Industrie der DDR — *10/373

Radiotracermethode zur Bestimmung der Verteilung schwefelhaltiger Dispergiermittel in Emulsionspolymerisaten — 10/378

Automatischer Probenwechsler zur Messung von β-Aktivitäten — 10/392

Alphaspektrometrische Isotopenverdünnungsanalyse von Plutoniumisotopen in Kernbrennstofflösungen — 11/401

transition elements

Schwefelhaltige Extraktionsmittel zur Trennung von Edel- und Buntmetallen (*russ.*) — 9/352

Stabilität der Polonide der Übergangsmetalle sowie des Kupfers, des Silbers und des Goldes — 12/454

transuranium elements

Laboruntersuchungen zur Gewinnung eines Am-Konzentrats aus PUREX-Raffinatlösung — 1/19

TRH

Umkehr-Trijodthyronin bei Eiweiß-Unterernährung (*engl.*) — 8/293

triiodothyronine

Wirkung oraler hypoglykämischer Pharmaka und des Trijodthyronins sowie ihre Wechselwirkung beim Nukleotid-Metabolismus bei beginnendem Diabetes (*engl.*) — 5/193

Wirkung der Diabetes-mellitus-Kontrolle auf die T_4, T_3- und rT_2-Niveaus des Plasmas und auf die halbe Muskelentspannungszeit (*engl.*) — 8/289

Umkehr-Trijodthyronin bei Eiweiß-Unterernährung (*engl.*) — 8/293

tritium

Anwendung der Radiotracertechnik in der Korrosionsforschung. Teil III: Wechselwirkungen von Wasser und seinen Bestandteilen an Metalloberflächen — *1/1

Isotopenzusammensetzung des Grundwassers von Kufra (Libyen) als Indikator für die Grundwasserbildung (*engl.*) — 2/64

Anwendung von Tracermethoden zur Untersuchung von Biosynthesewegen sowie Stoffwechsel von Wirkstoffen in Pflanzen — *3/81

Isotopenhydrologische Untersuchungen — Arbeiten aus dem GSF-Institut für Radiohydrometrie — 7/247

tritium compounds

Stabilität von [methyl-^{3}H]Thymidin 5′-triphosphat — 2/73

Untersuchungen zur ^{15}N-Markierung der in einem zellfreien Translationssystem *de novo* synthetisierten Proteine — 8/314

TSH

Wirkung der Diabetes-mellitus-Kontrolle auf die T_4-, T_3- und rT_3-Niveaus des Plasmas und auf die halbe Muskelentspannungszeit (*engl.*) — 8/289

TTA

Anwendung der Isotopenverdünnung bei der alphaspektrometrischen und aktivierungsanalytischen Bestimmung von ^{237}Np im bestrahlten Kernbrennstoff — 4/131

U

ultraviolet radiation

Metallbestimmung in ^{14}C-markierten zinnorganischen Verbindungen durch Neutronenaktivierung — 2/58

underground

Untergrundlaboratorium für Messungen geringer Radioaktivität — 2/60

uranium

Bestimmung von Elementspuren im Uran mittels Atom-Absorptionsspektrometrie nach Vorabtrennung der Matrix — 4/129

Iodverflüchtigung aus Kernbrennstofflösungen — 10/394

uranium isotopes

Neuer kinetischer Isotopieeffekt in Ionenaustauscher- und Lösungsmittel-Extraktions-Systemen (*engl.*) — 5/173

V

Venus planet

Kernphysikalische Analysenverfahren bei Mond- und Planetenuntersuchungen (*engl.*) — *9/321

viscosity

Eigenschaften des Nukleons (kinetische Energie, freie Weglänge, Diffusionskoeffizient) und Viskositätskoeffizient der Kerne im Rahmen des Tröpfchenmodells — 6/217

W

wafer

Nuklearanalytische Methoden in der Halbleiterindustrie (*engl.*) — *2/41

waste management

Neue Rechtsvorschriften über die Erfassung und Endlagerung radioaktiver Abfälle in der DDR — 1/34

waste processing
Wirkung von Wärme- und Strahlungsbehandlung auf die enzymatische Hydrolyse bei Zelluloseabfällen (*engl.*) — 11/425
water chemistry
Konzentration und Abtrennung von radioaktivem Cs aus Reaktorwasser unter Verwendung von Ti-Hexacyanoferrat (*engl.*) — 4/141
wear
Oberflächenaktivierung zur Verschleißuntersuchung bei Präzisionsteilen (*engl.*) — 1/12
well logging
Gamma-Gamma-Dichte-Bohrlochmessung zur Kohleerkundung (*engl.*) — 11/428
windows
Erfahrungen beim Einsatz von strahlenresistentem synthetischem Kieselglas — 11/432

X

X radiation
Wirkung unterschiedlicher Strahlungsdosen auf die Verteilung von ^{144}Ce in Kaninchen (*engl.*) — 8/309
Radionuklidanwendung in der Industrie der DDR — *10/373
X-ray detection
Empfindlichkeit eines Autoradiographiefilms gegen ionisierende Strahlung verschiedener Art und Energie — 4/127
X-ray dosimetry
RGW-Vergleich der Normalmeßeinrichtungen zur Darstellung und Weitergabe der Expositionsdosis von Quantenstrahlung im Röntgen-Anregungsspannungsbereich von 8 bis 60 kV — 4/149
X-ray emission analysis
Multielementanalyse galvanischer Schichten mit der niederenergetischen PIXE — 6/227
PIXE-Tiefenprofilmessungen von galvanischen Überzügen — 6/230
X-ray fluorescence analysis
Beseitigung des Matrix-Effekts bei der Röntgen-Fluoreszenzanalyse mit Hilfe der Rückstreuung (*engl.*) — 4/133
Ausbeutebestimmung in der Neutronenaktivierungsanalyse durch Röntgenfluoreszenz — 7/269
Röntgenfluoreszenzanalytische Bestimmung des Kalziumoxid-, Eisenoxid- und Aschegehaltes in Braunkohle — 10/381
X-ray spectroscopy
Kernphysikalische Analysenverfahren bei Mond- und Planetenuntersuchungen (*engl.*) — *9/321

Y

yeasts
Präparative Darstellung von hochangereichertem ^{15}N-markiertem Hefeprotein — 3/90

Z

zinc
Neutronenaktivierungsanalytische Bestimmung von Zn, Cu, Mn und Au im menschlichen Kopfhaar in den ersten Lebensjahren — 4/138
Spurenelementkonzentration im Haar bei Patienten mit Schilddrüsenerkrankungen — 8/301
zirconium
Konzentration und Abtrennung von radioaktivem Cs aus Reaktorwasser unter Verwendung von Ti-Hexacyanoferrat (*engl.*) — 4/141
zone melting
Bestimmung von Verteilungskoeffizienten in In mittels radioaktiver Nuklide — 6/207

1

Band 20 · Januar 1984

isotopenpraxis

AKADEMIE-VERLAG

ISSN 0021-1915 Isotopenpraxis, Berlin 20 (1984) 1, 1-40

EVP 9,- M

An unsere Autoren

Die Zeitschrift veröffentlicht Beiträge zu folgenden Themen: Kontrolle und Analyse radioaktiver und stabiler Isotope, Anwendung radioaktiver und stabiler Isotope in allen Gebieten der Forschung und Technik, der Industrie, Landwirtschaft und Medizin, Herstellung radioaktiver und stabiler Isotope sowie von markierten Verbindungen, kernelektronische Geräte für die Isotopenanwendung (Dickenmesser, Dichtemesser u. ä.) Detektoren für isotopentechnische Arbeiten und den Strahlenschutz in Isotopenlaboratorien, Meßtechnik und Strahlenschutz, Dosimetrie in Isotopenlaboratorien, kerntechnische Geräte für die Isotopenanwendung (Beton, Bestrahlungsanlagen u. ä.). Strahlenchemie, Radiochemie, ökonomische und perspektivische Fragen, Fragen der Weiterbildung.

1. Aufnahme von Manuskripten

Zur Veröffentlichung angenommen werden nur druckreife, noch nicht anderweitig publizierte Beiträge in deutscher, englischer oder russischer Sprache zum Themenbereich der Zeitschrift und zwar

- Originalarbeiten
- Kurze Mitteilungen
- Aus der Praxis
- Zusammenfassende Berichte
- Tagungsberichte
- Informationen.

Sind der Beitrag oder Teile daraus bereits veröffentlicht oder ist eine anderweitige Veröffentlichung vorgesehen, so muß dies der Redaktion mit genauer Angabe der Zweitveröffentlichung mitgeteilt werden. Mit der Annahme des Manuskriptes behält sich der Verlag das Recht der Vervielfältigung, Verbreitung und Übersetzung innerhalb der gesetzlichen Schutzfrist vor. Auszugsweiser Nachdruck oder photomechanische u. a. Wiedergabe sind an eine schriftliche Genehmigung des Verlages gebunden. Manuskripte, Zeichnungen und Photos von veröffentlichten Arbeiten werden nur auf den besonderen und bis zum Zeitpunkt der Veröffentlichung mitgeteilten Wunsch des Autors zurückgesandt.

Bei der unverlangten Einreichung von Manuskripten wird empfohlen, eine Befürwortung eines der Herausgeber oder Redaktionsausschußmitglieder beizufügen.

Manuskripte sind einzureichen bei der Redaktion, 1086 Berlin, Leipziger Str. 3–4.

2. Form der Manuskripte

Die Autoren werden gebeten:

2 Manuskripte, eines davon in Original-Maschinenschrift, einseitig und mit 2zeiligem Abstand einzureichen; gut leserliche Photokopien sind zulässig; auf dem 1. Blatt (unter Weglassung der Bezeichnung)

den Titel der Arbeit
Vorname-Initialen und Namen sämtlicher Autoren
gegebenenfalls die Institution, in der sie tätig sind
eine kurze Zusammenfassung der Arbeit von höchstens 15 Zeilen
Keywords in alphabetischer Reihenfolge und
als Fußnote die Anschrift der Institution anzugeben;

wenn möglich, auf gesonderten Blättern Namen, Titel der Arbeit und Zusammenfassung in den beiden anderen obengenannten Sprachen 2fach beizufügen;

Literaturhinweise (fortlaufend numeriert), Fußnoten, Tabellen, Abbildungen (in 2–3facher Veröffentlichungsgröße), Abbildungsunterschriften (getrennt von den Abbildungen mit Zeichenerklärungen, Quellenangaben, falls erforderlich, und gegebenenfalls mit einem Vermerk für besondere Wünsche bezüglich der Abbildungsgröße), private und Dienstanschrift der Verfasser mit akademischen Titeln und ausgeschriebenen Vornamen auf besonderen Blättern ans Ende des Manuskriptes zu stellen;

Wünsche für den Kolumnentitel (Seitenüberschrift) bekanntzugeben;

Absätze durch Einzüge von mindestens 3 Anschlägen kenntlich zu machen;

die Maßeinheiten des SI-Systems („Systeme International") zu verwenden;

Korrekturen im Manuskript unmittelbar an der zu korrigierenden Stelle anzubringen;

Formeln deutlich lesbar und möglichst groß einzutragen;

Farbabbildungen und nachträgliche Änderungen oder Ergänzungen in Abbildungen zu vermeiden;

hervorzuhebende Textstellen zu unterstreichen, und zwar halbfetten Satz mit einer geraden schwarzen Linie, kursiven Satz (Schrägschrift) mit einer blauen Wellenlinie (alle Eigennamen). Sperrungen gestrichelt;

besondere Buchstaben durch farbige Unterstreichung zu kennzeichnen, und zwar Formelzeichen in

Griechisch-Kursiv (α, β, ...) rot,
Kursiv (A, B, ...) blau
halbfetter Kursiv ($\boldsymbol{A}$, $\boldsymbol{B}$, ...) 2 Linien blau (Vektoren),
halbfetter Grotesk (**A**, **B**, ...) 2 Linien violett (Tensoren);

bei Literaturangaben auf Vollständigkeit zu achten. In nachstehender Reihenfolge müssen angegeben sein:

a) bei *Zeitschriften*: Vorname-Initialen und Namen sämtlicher Autoren, Titel der Zeitschrift (nach „Periodica Chimica" oder möglichst wenig gekürzt), Bandnummer (unterstrichen), Jahreszahl (in Klammern), Heftnummer (nur bei Zeitschriften, die jedes Heft mit S. 1 beginnen) sowie die Seitenzahl, auf der die zitierte Arbeit beginnt.

b) Bei *Büchern*: Initialen der Vornamen und Name des Autors (Herausgeber werden durch den Zusatz „ed." gekennzeichnet), voll ausgeschriebener Titel des Buches in der Originalsprache, evtl. Bandnummer, voll ausgeschriebener Name des Verlages, Nummer der Auflage (außer der ersten), Erscheinungsort(e), Erscheinungsjahr (hier nicht in Klammern setzen!) und evtl. Kapitelnummer, Seitenzahl u. ä.

c) bei *Sammelbänden, Tagungsberichten*: Es soll zusätzlich der Titel des zitierten Beitrags angegeben werden. Die Seitenzahl muß unbedingt angegeben werden. Aus dem Zitat muß hervorgehen, ob es sich um einen Tagungssammelband oder um einen noch nicht veröffentlichten Vortrag handelt. Zwischen Tagungsort und Erscheinungsort des entsprechenden Tagungsberichts ist zu unterscheiden.

3. Korrekturen

Der Autor erhält zwei Umbruchabzüge, von denen einer möglichst schnell korrigiert an die Redaktion zurückgereicht werden soll. Auf Wunsch des Autors kann die Korrektur auch von der Redaktion gelesen werden.

Durch nachträgliche Manuskriptänderungen verursachte Korrekturkosten gehen, sofern sie 10% der Satzkosten übersteigen, zu Lasten des Autors.

Der Autor erhält 50 Sonderdrucke kostenlos. Weitere Sonderdrucke können bis zur Rückgabe der Korrekturabzüge auf Kosten des Autors bei der Redaktion bestellt werden.

Bezugsmöglichkeiten

Bestellungen sind zu richten

- **in der DDR** an den Postzeitungsvertrieb unter Angabe der Kundennummer des Bestellenden oder an den AKADEMIE-VERLAG, DDR-1086 Berlin, Leipziger Straße 3–4, PF-Nr 1233;
- **im sozialistischen Ausland** an eine Buchhandlung für fremdsprachige Literatur oder an den zuständigen Postzeitungsvertrieb;
- **in der BRD und Berlin(West)** an eine Buchhandlung oder an die Auslieferungsstelle KUNST UND WISSEN, Erich Bieber OHG, Wilhelmstraße 4–6, D-7000 Stuttgart 1;
- **in den übrigen westeuropäischen Ländern** an eine Buchhandlung oder an die Auslieferungsstelle KUNST UND WISSEN, Erich Bieber GmbH, Dufourstraße 51, CH-8008 Zürich;
- **im übrigen Ausland** an den Internationalen Buch- und Zeitschriftenhandel; den Buchexport, Volkseigener Außenhandelsbetrieb der Deutschen Demokratischen Republik, DDR-7010 Leipzig, Postfach 160; oder an den AKADEMIE-VERLAG, DDR-1086 Berlin, Leipziger Straße 3–4.

Zeitschrift „Isotopenpraxis"

Herausgeber: Im Auftrag des Akademie-Verlages herausgegeben von Prof. Dr. Justus Mühlenpfordt
Verlag: Akademie-Verlag, DDR-1086 Berlin, Leipziger Straße 3–4, PF-Nr. 1233; Fernruf: 2236221 oder 2236229; Telex-Nr.: 114420;
Bank: Staatsbank der DDR, Berlin, Kto.-Nr.: 6836-26-20712
Verantwortlich für den Inhalt des Heftes: Prof. Dr. H. Hübner, Leipzig
Anschrift der Redaktion (Fernruf Frau H. Schier: 6351177) der Zeitschrift Isotopenpraxis: Akademie-Verlag, DDR-1086 Berlin, Leipziger Str. 3–4, PF-Nr. 1233
Veröffentlicht unter der Lizenznummer 1527 des Presseamtes beim Vorsitzenden des Ministerrates der Deutschen Demokratischen Republik
Gesamtherstellung: VEB Druckerei „Thomas Müntzer", DDR-5820 Bad Langensalza
Erscheinungsweise: Die Zeitschrift „Isotopenpraxis" erscheint monatlich. Die 12 Hefte eines Jahrganges bilden einen Band. Bezugspreis je Band 216,– M zuzüglich Versandspesen (Preis für die DDR 108,– M). Preis je Heft 18,– (Preis für die DDR 9,– M)
Bestellnummer dieses Heftes: 1079/20/1

AN (EDV) 12831

Isotopenpraxis 20 (1984) 1, S. 1 bis 9

Anwendung der Radiotracertechnik in der Korrosionsforschung
Teil III: Über Wechselwirkungen von Wasser und seinen Bestandteilen an Metalloberflächen

(Fortschrittsbericht)

G. Reinhard

(Technische Universität Dresden, Sektion Chemie, Wissenschaftsbereich Elektrochemie)[1])

Die Aufklärung der Mechanismen der Korrosion und Deckschichtbildung von Metallen in Gegenwart von H_2O (g) oder H_2O (l) ist von großem praktischen Interesse. Für entsprechende Laboruntersuchungen wurde daher auch die ^{3}H-Radiotracertechnik als sehr empfindliche Methode eingesetzt. Die bisher damit erhaltenen Ergebnisse werden im vorliegenden Bericht zusammengefaßt und einer kritischen Wertung unterzogen. Auf der Basis theoretischer Betrachtungen wird auf die Besonderheiten dieser Methode eingegangen, denn bei ihrer Anwendung erhält man aus der spezifischen Radioaktivität der Probenoberfläche nicht unmittelbar die Konzentration des markierten Ausgangsprodukts, sondern einen summarischen Wert für alle vorliegenden ^{3}H-haltigen Spezies. Die sich daraus ergebenden Konsequenzen für die Versuchsauswertung werden systembezogen diskutiert.

Clearing the mechanisms of corrosion and the metalloxid layers formation in presence of H_2O (g) and H_2O (l) have a greet practical importance. The ^{3}H-Radiotracer method as a very suitable one have been also used for laboratory experiments. The results, which are up till now obtaines, are summarized in the following communication. They were put on a critical valuation. Going out from theoretical considerations the particularity of this method is pointed, becouse by the use of it one obtains from the specific radioactivity of the samples surface not direct the concentration of the labelled outlet-products, but a summarized value of the all presented ^{3}H-containing substances. The consequences resulted from that are systematically discussed.

Keywords

corrosion; interfaces; iron; passivity; reviews; surfaces; tracer techniques; tritium

1. Einleitung

Erfahrungsgemäß sind viele metallische Werkstoffe in einem großen Temperaturbereich gegen Wasser beliebigen Aggregatzustands resistent, solange dieses nicht weitere, aggressiv wirkende Stoffe gelöst enthält [1–3]. Dazu gehören neben den Edelmetallen Au, Pt und Ag auch die an sich thermodynamisch instabilen Metalle Zn, Al, Ti und Fe, während die un- sowie niedriglegierten Stähle bereits in Kontakt mit reinem Wasser bei Raumtemperatur relativ schnell sichtbare Korrosionsprodukte bilden [1–5]. Von Interesse ist es daher seit langem, die Rolle des Wassers bei der Bildung und Zerstörung von Passivschichten auf Metalloberflächen aufzuklären, um daraus Schlußfolgerungen für den Korrosionsschutz abzuleiten.

Mit der Verwendung ^{3}H-markierten Wassers hat man die Möglichkeit, die an Metalloberflächen adsorbierte oder infolge chemischer Reaktionen gebundene Menge Wasser bzw. seiner Reaktionsprodukte H^+, OH^-, H, H_2, H_2O_2 usw. über Radioaktivitätsmessungen analytisch zu erfassen. Die damit prinzipiell erreichbare Nachweisgrenze liegt in der Größenordnung von Bruchteilen einer monomolekularen Bedeckung und übertrifft alle Alternativmethoden. Die bisher zu diesem Themenkreis existierenden Meßergebnisse werden wegen ihrer besonderen Bedeutung für die Korrosionsforschung im vorliegenden Beitrag separat zusammengestellt. Dabei wird gleichzeitig auf die Besonderheiten in der experimentellen Technik eingegangen, die sich vor allem wegen der sehr energiearmen β-Strahlung des ^{3}H und der starken Neigung des $^3H^1HO$ zum Isotopenaustausch schon mit der natürlichen Luftfeuchtigkeit [6–8] im Vergleich zu den bereits beschriebenen Methoden erforderlich machen.

2. Wechselwirkungsarten und Problematik ihres Nachweises

Das Wasser ist infolge seines Molekülaufbaus zu Wechselwirkungen vielfältiger Natur besonders befähigt. In seinem Molekül sind am Sauerstoffatom auf sp^3-Orbitalen zwei freie Elektronenpaare lokalisiert, die starke Anziehungskräfte auf positive Ladungen ausüben, während bei den Wasserstoffatomen wegen der fehlenden Elektronenhülle die Verhältnisse gerade umgekehrt sind. Im Dampfzustand beträgt der Valenzwinkel zwischen den beiden O—H-Bindungen des Wassermoleküls 104,5°, der O–H-Abstand 96 pm und das elektrische Dipolmoment $6{,}13 \cdot 10^{-30}$ Cm (≙ 1,84 D) [10, 11]. Durch Wasserstoffbrückenbindungen sind im kristallinen Zustand 5 Moleküle in tetraedrischer Anordnung der Sauerstoffatome assoziiert. Diese β-Tridymit-Struktur bleibt zunächst auch beim Schmelzen des Eises im wesentlichen erhalten und wird erst mit steigender Temperatur abgebaut. Es sollen dann in zunehmenden Maße kleinere molekulare Aggregate mit eisartigem Charakter auftreten, die durch freie Wassermoleküle voneinander getrennt sind [10, 11]. Bei Untersuchungen über die Wechselwirkungen von flüssigem Wasser an Festkörper-

[1]) Anschrift: DDR-8027 Dresden, Mommsenstr. 13

oberflächen ist neben diesen strukturellen Effekten auch zu berücksichtigen, daß mit den hydratisierten Protonen und Hydroxylionen elektrisch geladene Spezies vorhanden sind, die durch Autoprotolyse

$$H_2O + H_2O \rightleftharpoons H_3O^+ + OH^- \quad (1)$$

gebildet werden. Ihre Konzentration ist zwar im Vergleich zu der des undissoziierten Wassers extrem klein und beträgt bekanntlich bei 298 K nur jeweils 10^{-7} mol · l^{-1}, doch ist bei diesen Ladungsträgern hoher Beweglichkeit die Neigung zu elektrostatischen Wechselwirkungen besonders ausgeprägt [10–12].

Hinsichtlich des Einflusses der Beschaffenheit der Metalloberfläche auf die Art und Intensität der Wechselwirkungen mit Wasser sollen hier nur zwei Grenzfälle diskutiert werden:

- die völlig deckschichtfreie Metalloberfläche, wie sie im Ultrahochvakuum erhalten werden kann [13] und
- das mit einer Primäroxidschicht bedeckte Metall, wie es z.B. nach Kontakt mit Luftsauerstoff vorliegt [2, 3, 13].

Im ersten Grenzfall sind mit Wasser hauptsächlich folgende Prozesse möglich:

- Adsorption von Wasser in Molekülform:

$$Me + H_2O \rightleftharpoons Me(H_2O)_{ad} \quad (2)$$

- chemische Folgereaktionen zwischen beiden Stoffen, z.B.:

$$Me(H_2O)_{ad} \rightarrow (MeOH)_{ad} + H_{ad} \quad (3)$$

$$(MeOH)_{ad} + H_2O \rightarrow Me(OH)_2 + H_{ad} \quad (4)$$

$$Me(H_2O)_{ad} \rightarrow MeO + 2\,H_{ad} \quad (5)$$

- Rekombination der H_{ad}-Spezies und Desorption des molekularen Wasserstoffs bzw. Aufnahme von Wasserstoff in das Metallgitter:

$$H_{ad} + H_{ad} \rightarrow H_2\,(g) \quad (6)$$

$$H_{ad} \rightarrow H\,(Me)_{ab(Me)} \quad (7)$$

Im zweiten Grenzfall werden die Wechselwirkungen mit H_2O zunächst vorrangig durch die Eigenschaften der Primäroxidschicht bestimmt [2, 3, 13–17]. Folgende Prozesse sind vor allem einzukalkulieren:

- Adsorption von Wasser an der Oxidschicht:

$$MeO + H_2O \rightleftharpoons MeO(H_2O)_{ad} \quad (8)$$

- Einlagerung von Wasser in die Oxidschicht (Hydratwasser):

$$MeO + H_2O \rightleftharpoons MeO \cdot x\,H_2O \quad (9)$$

- Dissoziative Anlagerung von Wasser unter Ausbildung von Oberflächen-Hydroxylgruppen [2, 16, 18, 19]:

$$MeO(H_2O)_{ad} \rightleftharpoons -MeOH + OH^- \quad (10)$$

- Protolysereaktionen der Oberflächen-Hydroxylgruppen amphoterer Oxidschichten [2, 16]:

$$-MeOH_2^+ + OH^- \rightleftharpoons -MeOH + H_2O \rightleftharpoons -MeO^- + H_3O^+ \quad (11)$$

- Umwandlung der Oxid- in eine Hydroxidschicht:

$$MeO(H_2O)_{ad} \rightleftharpoons Me(OH)_2 \quad (12)$$

- chemische Auflösung der Oxidschicht, z.B.:

$$MeO(H_2O)_{ad} + H_2O \rightarrow Me^{2+} \cdot aq + 2\,OH^- \cdot aq \quad (13)$$

Bei Verwendung ^3H-markierten Wassers hat man die Möglichkeit, auf der exponierten Metallprobe nach festgelegten Verweilzeiten die spezifische Radioaktivität zu bestimmen. Diese gibt allerdings zunächst nur eine summarische Aussage aller diskutierten Reaktionsvarianten und kann nicht einfach als Menge adsorbierten Wassers gemäß Gl. (2) ausgewiesen werden, wie das von mehreren Autoren praktiziert wurde. Eine Aufschlüsselung des summarischen Wertes der registrierten spezifischen Radioaktivität in Anteile der einzelnen Reaktionsvarianten gelingt dann, wenn sich die Bindungsenergien des ^3H im adsorbierten Wasser, im Kristallwasser und den verschiedenen Hydroxylgruppen gemäß der Reaktionen (2) bis (4) und (8) bis (12) hinreichend unterscheiden und darauf zugeschnitten geeignete Desorptions- und Isotopenaustausch-Versuche durchgeführt werden. Außerdem erscheint es zweckmäßig, während des Kontakts eines Metalls mit ^3H-markiertem Wasser in der Gasphase den Gehalt an $^3H_2$ (bzw. $^3H^1H$) zu erfassen, denn die Reaktionen (2) bis (13) führen nicht alle zu einer Fixierung von ^3H-Radioaktivität auf der Metallprobe. Nur auf diese Weise wäre auch der Sonderfall, daß zwischen Metall und Wasser die Reaktionen (5) und (6) ablaufen und das entsprechende Oberflächenoxid kein Wasser im Sinne von Gl. (8) adsorbiert, von dem anderen Sonderfall, wo zwischen beiden Komponenten überhaupt keine Wechselwirkungen stattfinden, zu unterscheiden.

3. Wechselwirkungen an der Phasengrenze Metall/Wasser (g)

Metalloberflächen, die unter den Bedingungen des Ultrahochvakuums präpariert wurden und dadurch völlig frei von Oxidschichten und Adsorptionsfilmen sind, kamen bisher nicht zum Studium der Wechselwirkungen mit ^3H-markiertem, gasförmigem Wasser zum Einsatz. Es liegen lediglich Ergebnisse vor, die in Versuchseinrichtungen bei einem Restdruck von $p \leqq 1{,}3 \cdot 10^{-4}$ Pa erhalten wurden [20–24]. Bei der Herstellung von Metallfilmen durch Vakuumverdampfung in diesem Druckbereich setzte man voraus, daß der in der Anlage noch vorhandene Sauerstoff durch Gasphasenreaktionen weitestgehend herausgegettert wird [21, 25]. Sollte das zutreffen, dann werden die Metalloberflächen trotzdem nicht deckschichtfrei, sondern zumindest mit einem N_2-Adsorptionsfilm überzogen. Bei Vorgabe eines definierten Wasserdampfpartialdrucks in der Anlage bestand daher der Primärvorgang vermutlich in einer Verdrängung des physikalisch adsorbierten N_2 durch das zur Chemisorption neigende H_2O.

Bei den entsprechenden Untersuchungen mit $^3H^1HO$ (g) wurden verschiedene Wege beschritten. Entweder ließ man den markierten Wasserdampf eines definierten Partialdrucks auf den betreffenden Metallfilm unmittelbar nach dessen Herstellung einwirken [21, 22, 26, 27], oder man setzte Metallproben in Blechform nach mechanischer und chemischer Vorbehandlung in eine Vakuumanlage ein und heizte sie nach Erreichen des genannten Restdrucks 4 h bei 473 K [21], bzw. 5 min bei 1073 K [24] auf, bevor dann im Bereich um 298 K eine definierte $^3H^1HO$-Atmosphäre eingestellt wurde. Die Bestimmung des dabei an der Probenoberfläche gebundenen Wassers und seiner Bestandteile konnte aber erst erfolgen, nachdem der überschüssige ^3H-markierte Wasserdampf aus dem Gasraum durch Abpumpen entfernt worden war. Danach wurde der betreffende Metallfilm komplett aufgelöst (Au: Königswasser; Cu: Salpetersäure; Fe: 6%ige Flußsäure), aus der jeweiligen Lösung das H_2O abdestilliert und in einem Aliquot desselben die ^3H-Radioaktivität durch Flüssigszintillationsspektrometrie (LSC) ermittelt [21]. Zu gleichen Ergebnissen gelangte man, wenn die Metallfilme nach der Einwirkung von $^3H^1HO$ (g) und Abpumpen des im Gasraum noch vorhandenen Agenz schließlich mit 10 cm^3 unmarkiertem dest. Wasser gespült und darin die spezifische ^3H-Radioaktivität bestimmt wurde [21, 22].

Die auf Au-Blechen nach Exposition in $^3H^1HO$ (g) vorhandene ^3H-Radioaktivität konnte auch mit einem Methandurchflußzähler registriert werden, nachdem nachgewiesen worden war, daß weder an trockener Luft, noch im CH_4-Gasraum eine Abreicherung des gebundenen ^3H von der Metalloberfläche erfolgt [24]. Die schnelle Austauschbarkeit dieses ^3H gegen ^1H des H_2O (l) führte zu der Schlußfolgerung, daß H_2O (g) an Au molekular adsorbiert wird [21—24]. Der mit dem Flächenbedarf eines H_2O-Moleküls von $10{,}4 \cdot 10^{-16}$ cm^2 [24, 28] aus den Radioaktivitätsmessungen berechnete Bedeckungsgrad beträgt danach bei Annahme eines Rauhigkeitsfaktors von $f_r = 1{,}4 \ldots 1{,}6$ für Au in Blechform 0,01 [24] und für frisch hergestellte Au-Filme etwa eine Monolage [21, 22]. Daraus geht hervor, daß der Adsorptionsprozeß des H_2O (g) an Au erwartungsgemäß stark von der Oberflächenbeschaffenheit abhängt. Es muß allerdings erwähnt werden, daß es mit den zitierten Varianten der Methode des „post-immersion-counting" (Methode A [9]) nicht gelingt, das thermodynamische Adsorptionsgleichgewicht an der Phasengrenze Metall/H_2O (g) zu erfassen, da vor der Radioaktivitätsmessung das noch in der Gasphase vorhandene Wasser abgetrennt werden muß. Nach kinetischen Betrachtungen von *Schultze* [23, 24] kann daher mit der Radiotracertechnik nur chemisorbiertes Wasser erfaßt werden, für dessen Desorption eine Aktivierungsenergie von $E_A \geqq 82$ kJ · mol^{-1} aufzubringen ist.

Bei Umrechnung der auf Metallfilmen aus Pt, Ag, Cu oder Ni registrierten ^3H-Radioaktivität in adsorbiertes H_2O pro cm^2 geometrischer Oberfläche ergaben sich zwar Werte in der gleichen Größenordnung wie bei Au [21, 22]; es existieren aber qualitative Unterschiede, die darauf hinweisen, daß es sich bei diesen Metallen um andere ^3H-haltige Spezies als bei Au handeln muß. So ist der auf Au adsorbierte H_2O-Film gegen $H_2{}^{35}S$ (g) vollständig austauschbar, während die auf Ni gebundenen ^3H-Spezies nicht verdrängt werden [26, 27]. Die an nicht mit H_2O (g) vorbehandelten Ni-Filmen bei Einwirkung von H_2S (g) beobachtete H_2-Entwicklung wurde dadurch wirksam inhibiert [21, 22, 29].

Bei Einwirkung von ^3H-markiertem H_2O (g) mit $p_{H_2O} = 610{,}6$ Pa auf Filme aus Fe oder Al wurde mittels einer von *Thiemt* [30, 31] entwickelten Gaszählrohr-Apparatur in Antikoinzidenz-Schaltung die Wasserstoffentwicklung in Form des $^3H_2$ nachgewiesen [21]. Diese Metalle reagieren demnach mit H_2O (g) auch unter Ladungsträgertransfer. Auf der sich bildenden Reaktionsprodukt-Deckschicht wird dann noch ^3H-markiertes H_2O (g) gebunden, das sich leicht gegen unmarkierten Wasserdampf austauschen läßt [21]. Wurde die dem quantitativ erfaßten $^3H_2$ nach der Reaktion

$$2\,Fe + 3\,H_2O \rightleftharpoons Fe_2O_3 + 3\,H_2 \qquad (14)$$

äquivalente Anzahl Fe_2O_3-Moleküle mit der an dieser Reaktionsdeckschicht gebundenen Menge $^3H^1HO$ (g) in Korrelation gesetzt, dann ergab sich im Rahmen der Fehlergrenze ein Verhältnis $Fe_2O_3:H_2O$ von 1:1 [21], wie es auch an α-Fe_2O_3-Pulver nach Kontakt mit H_2O (g) durch Immersionskalorimetrie und Messung der Dielektrizitätskonstante nachgewiesen werden konnte [19, 32].

Auf frisch hergestellten Fe-Filmen wird ^{14}C-markiertes Dicyclohexylamin (g) als monomolekulare Schicht adsorbiert. Anschließend eingeleiteter ^3H-Wasserdampf bedingt dann keine H_2-Entwicklung mehr [21, 33, 34]. Das adsorbierte Amin neigt jedoch zum Isotopenaustausch:

$$(R_2N^1H)_{ad} + {}^3H^1HO \rightleftharpoons (R_2N^3H)_{ad} + {}^1H_2O \qquad (15)$$

sowie zur dissoziativen Wasseranlagerung als $(R_2\overset{(+)}{N}{}^3HO^1H^-)_{ad}$ bzw. $(R_2\overset{(-)}{N}{}^3H^1H^+)_{ad}$ [21], so daß die an der Probenoberfläche nachweisbare ^3H-Radioaktivität kein am Metall oder seiner Primäroxidschicht gebundenes Wasser darstellt.

4. Wechselwirkungen an der Phasengrenze oxidbedecktes Metall/H_2O (g)

Zur Aufklärung der Elementarvorgänge der atmosphärischen Korrosion sind die Untersuchungen über die Wechselwirkungen von H_2O (g) an mit einer Primäroxidschicht überzogenen Metallen (vgl. [1—3, 35] sehr wesentlich, denn nur darin repräsentiert sich ihr tatsächlicher Ausgangszustand [2, 36]. Bei den dazu mittels $^3H^1HO$ (g) durchgeführten Experimenten wurden einmal Metallfilme verwendet, die man nach ihrer Herstellung in einer Hochvakuumanlage zunächst mit O_2 ($p_{O_2} = 66{,}67$ Pa) bei 297 K in Kontakt brachte, bevor in der Gasphase nach definierten Verweilzeiten auch ein bestimmter H_2O-Partialdruck (^3H) realisiert wurde [21, 22]. Bei Au hatte diese Art der Vorbehandlung erwartungsgemäß keinen Einfluß auf die an der Oberfläche gebundene Menge $^3H^1HO$, die nach Evakuieren der Anlage von überschüssigem $^3H^1HO$ (g) stets zu etwa $2{,}2 \cdot 10^{-9}$ mol H_2O/cm^2 gefunden wurde. Damit konnte bestätigt werden, daß auf Au in O_2-Atmosphäre bei 297 K kein Oxid-, sondern nur ein O_2-Adsorptionsfilm gebildet wird, der gegen H_2O (g) austauschbar ist. Dieser Austausch ist allerdings zeitabhängig, denn der Grenzwert der auf Au gebundenen ^3H-Radioaktivität, der sich ohne O_2-Vorbedeckung praktisch spontan einstellt, wird mit O_2-Vorbedeckung erst nach etwa 10^2 min erreicht.

Bei Ag, Cu und Ni erhöhte sich die spezifische ^3H-Radioaktivität gegenüber der des Zustands ohne O_2-Vorbehandlung um etwa 1/3. Es ist anzunehmen, daß diese Metalle durch Einwirkung von O_2 eine Oxidschicht bilden, an der dann H_2O (g) gemäß der Reaktionen (8) bis (12) in Wechselwirkung tritt.

Filme aus Al oder Fe zeigten hinsichtlich der pro Oberflächeneinheit gebundenen ^3H-Menge keine Abhängigkeit von der O_2-Vorbehandlung. Dieses Ergebnis ist aber in Übereinstimmung mit [37] nur so zu deuten, daß sich auf diesen Metallen sowohl durch O_2 als auch durch H_2O (g) spontan eine etwa gleichartige Oxidschicht ausbildet, deren Wechselwirkungen mit weiterem H_2O (g) dann den gleichen Endzustand bedingt. Diese Erklärung macht auch verständlich, daß bei Kontakt des oxidbedeckten Fe mit $^3H^1HO$ (g) in der Gasphase kein $^3H_2$ mehr nachweisbar war, sobald während der vorhergehenden Einwirkung von O_2 auf Fe das Gleichgewicht der Oxidbildung abgewartet wurde [21, 22]. Letzteres ist offensichtlich unter isothermen Bedingungen dem der Reaktion (14) praktisch identisch.

Bei gleichzeitiger Einwirkung von O_2 ($p_{O_2} = 66{,}67$ Pa) und H_2O (g) ($p_{H_2O} = 610{,}6$ Pa) auf frisch hergestellte Filme aus Cu, Ni oder Fe resultiert im stationären Zustand eine dickere Oxidschicht, als wenn nur eine dieser Komponenten in der Gasphase vorliegt. Die stationäre Schichtdicke ist auch um so größer, je höher die Temperatur gewählt wird [1, 5, 21, 26, 35]. Erwartungsgemäß wurde gefunden, daß die voluminöseren Oxidschichten auch größere Mengen Wasser oder seiner Bestandteile im Sinne der Reaktionen (8) bis (12) zu binden vermögen, was sich bei Verwendung von $^3H^1HO$ (g) in einer vergleichsweise höheren spezifischen Radioaktivität der Probenoberfläche äußerte [21, 22, 26].

Bei allen untersuchten, oxidbedeckten Metallfilmen wurde beobachtet, daß sich die ^3H-Radioaktivität pro Oberflächeneinheit verringerte, wenn die Temperatur im Bereich $278\ K \leqq T \leqq 363\ K$ erhöht wurde. Mit zunehmender Temperatur wird demgemäß die Bildung der Oxidschicht gegenüber den Wechselwirkungen, die zu Hydroxiden oder zur Adsorption von ^3H-haltigen Spezies führen, begünstigt [21].

Zum Nachweis der Wechselwirkung von H_2O (g) mit der Primäroxidschicht auf Fe-Oberflächen als dem Startvorgang der atmosphärischen Korrosion wurden Fe-Proben nach unterschiedlicher Vorbehandlung in Luft definierter rel. Feuchtigkeit (RL)/% exponiert. Die Einstellung des jeweiligen (RL)-Wertes erfolgte dabei durch Überleiten von Luft über geeignete, ^3H-markierte Salzlösungen. Die Metallproben wurden nach der Exposition in N_2 (l) überführt, um das an der Oberfläche gebundene Wasser fest zu fixieren. Anschließend wurde auf der Probe eine dünne Benzen-Schicht kondensiert und danach Filmmaterial zur Autoradiographie aufgelegt, wobei die Temperatur des N_2 (l) ständig aufrecht erhalten wurde [38, 39]. Die Intensität der Schwärzung dieser Filme wurde dann der pro Oberflächeneinheit gebundenen Menge Wasser als einer summarischen Größe für alle vorliegenden ^3H-haltigen Spezies gleichgesetzt. Die erhaltenen Ergebnisse sind in Tab. 1 zusammengestellt. Die darin angegebene Standardabweichung ist deshalb relativ groß, weil auch die Meßwerte solcher Fe-Proben zur Mittelwertbildung herangezogen wurden, die nach dem mechanischen Schleifen zur Ausbildung der Primäroxidschicht lediglich an trockener Luft ausgelagert worden waren. Bei den Fe-Proben, die erst noch mit einer Nitritlösung sowie mit Ethanol, Aceton und Ether gespült wurden, konnte eine bessere Reproduzierbarkeit erreicht werden. Unter diesen Bedingungen wird die Primäroxidschicht zwar gleichmäßiger ausgeprägt [2, 40], doch besteht ihr äußerer Anteil dann vor allem aus FeOOH [39, 41, 42]. Interessant ist, daß eine solche Schicht SO_2 zumindest bei Raumtemperatur unabhängig von (RL) reversibel adsorbiert. Wie mit $^{35}SO_2$ nachgewiesen wurde, binden andere oxidische Bestandteile des Fe, insbesondere das γ-Fe_2O_3, im Gegensatz dazu SO_2 irreversibel in Form seines Oxydationsprodukts Sulfat, wobei mit zunehmender (RL) und damit zunehmendem Anteil von an diesen Oxidsegmenten gebundenen Wassers oder OH-Gruppen die Oberflächenkonzentration des Sulfats wächst [39].

In einer Atmosphäre normaler Zusammensetzung (ca. 10^{-2} Vol.% SO_2) setzt die Korrosion unlegierter Stähle gewöhnlich erst bei (RL) $\approx$ 70% ein [1, 3, 36, 42]. Das ist mit den Werten der Tab. 1 nicht zu erklären, denn danach

Tab. 1. Masse gebundenen Wassers auf Fe, das mit einer Primäroxidschicht bedeckt ist, bei 293 K in Abhängigkeit von der relativen Luftfeuchtigkeit (RL)/%, ermittelt aus Messungen mit $^3H^1HO$ (g) [39]

(RL)/%	Masse H_2O auf der Probenoberfläche µg/cm²
22	0,48 ± 0,19
54	0,44 ± 0,26
75	0,65 ± 0,38
87	1,15 ± 0,43
97	1,43 ± 0,71

liegt auf oxidbedecktem Fe bereits bei (RL) = 22% Wasser in einer Menge vor, die bei Berücksichtigung des Flächenbedarfs eines H_2O-Moleküls von $10{,}4 \cdot 10^{-16}$ cm² [24] formal etwa 17 Molekülladen entspricht. Dieses Wasser müßte ausreichen, um die atmosphärische Korrosion des Fe als elektrochemischen Vorgang zu realisieren. Aus ellipsometrischen Untersuchungen läßt sich aber schlußfolgern, daß sich auf oxidbedeckten Eisenwerkstoffen bei (RL) < 70% durch dissoziative Wechselwirkungen mit H_2O (g) in Analogie zu α-Fe_2O_3 und α-FeOOH [19, 32, 43] Oberflächen-Hydroxylgruppen ausbilden, die der Oxidphase angehören. Erst bei (RL) $\approx$ 70% tritt auch adsorbiertes Wasser als selbständige flüssige Phase auf, das dann sowohl reduzierbare Spezies der Atmosphäre als auch die aus dem Metall austretenden Ionen lösen kann und damit die Voraussetzung für den elektrochemischen Prozeß der atmosphärischen Korrosion darstellt [43, 44]. Diese Spezifizierung ist durch die alleinige Anwendung der ^3H-Radiotracertechnik folglich nicht möglich.

5. Wechselwirkungen an der Phasengrenze Metall/Wasser (l)

Auf Grund des hohen Dipolmoments des Wassers und des bevorzugt ionischen Charakters von Metalloberflächen ist anzunehmen, daß die Bindung der ersten Wasserschicht auf einem Metall gemäß Reaktion (2) relativ fest ausgeprägt ist. Bei dieser zweidimensionalen Kondensation soll sich eine stark orientierte Struktur ausbilden, die durch Wasserstoffbrücken und Dipol-Dipol-Wechselwirkungen unter Resonanzenergie-Gewinn eine zusätzliche Vernetzung erfährt. Da die integrale Enthalpie dieser Gas-Adsorption mit etwa 40 kJ · mol^{-1} dem Wert der Kondensationsenthalpie des Wassers entspricht und außerdem die integrale Adsorptionsentropie in der Umgebung einer Monolage H_2O gegen Null geht, läßt sich schlußfolgern, daß der Ordnungszustand einer Monolage $(H_2O)_{ad}$ schon weitgehend dem der flüssigen Phase entspricht [15, 17, 18, 21, 45, 46]. Daher ist es bei Untersuchungen von Adsorptionsvorgängen an Metallen zunächst unbedeutend, ob das H_2O einem gasförmigen oder flüssigen Medium entstammt. Für die Realisierung von Folgereaktionen ist es jedoch ausschlaggebend, ob sich an die mit dem Metall in Wechselwirkung stehende erste Molekülllage H_2O weiteres flüssiges Wasser oder eine Gasphase anschließt.

Da sich an der Phasengrenze Metall/H_2O (l) stets spontan eine elektrochemische Doppelschicht ausbildet und dann die zwischen beiden Phasen auftretende Potentialdifferenz $\Delta\varphi$ für das weitere Verhalten dieses elektrochemischen Systems verantwortlich ist [3, 12, 47], wurden die Wechselwirkungen von ^3H-markiertem Wasser an Metalloberflächen gewöhnlich bei definierter anodischer Polarisation untersucht. Um aber einem Metall gegen eine Bezugselektrode ein konstantes Potential aufzuprägen, ist reines Wasser zu hochohmig und muß daher durch Zusatz eines Elektrolyten modifiziert werden [3, 12]. Damit besteht aber die Gefahr, daß die dann vorhandenen Ionen in den Adsorptionsprozeß des Wassers eingreifen.

Es liegen Ergebnisse zur Wechselwirkung des H_2O (l) an Au und Pt in ^3H-markierten, sauren Sulfatlösungen vor [23, 24, 48]. Die Elektroden wurden dabei katodisch vorpolarisiert, um einen oxid- und sorptionsfilm-freien Ausgangszustand vorzugeben. Anschließend erfolgte die potentiostatische Polarisation. Nach bestimmten Zeiten wurden die Elektroden dem Elektrolyten entnommen, kurz mit Aceton gespült und die spezifische ^3H-Radioaktivität

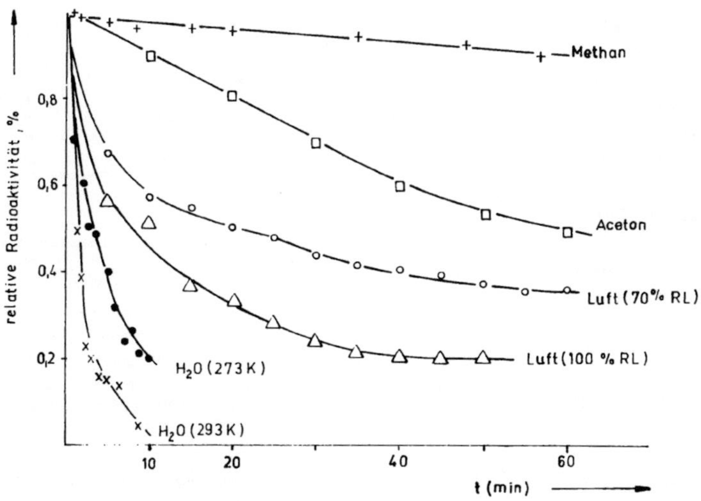

Abb. 1. Abreicherung der auf Pt-Elektroden nach potentiostatischer Belastung in ³H-markierter Schwefelsäure vorhandenen ³H-Radioaktivität in verschiedenen Medien [48]

im Methandurchflußzähler in 2π-Geometrie gemessen. Wie aus Abb. 1 hervorgeht, bewirken Aceton und CH_4 (g) im Versuchszeitraum nur eine relativ geringe Desorption [48].

Am oxidfreien Au wird H_2O unabhängig vom Potential mit einem Bedeckungsgrad $\Gamma \approx 0{,}4$ adsorbiert. Wurde die Au-Elektrode bis zur Oxidbildung polarisiert, dann verringerte sich Γ auf $\approx 0{,}2$. Diese Oxidschicht scheint demnach im wesentlichen aus unhydratisiertem AuO_x zu bestehen [24]. Daß auch die auf Pt adsorbierte Menge H_2O potentialunabhängig sein und zwischen 4 und $8 \cdot 10^{-9}$ mol/cm² liegen soll [48], wurde von *Kasarinow* und *Andreew* [49] bezweifelt. Diese Autoren sind der Meinung, daß sich das mit dem Wasserfilm bedeckte Pt bei Herausnahme aus der Lösung unabhängig vom vorher angelegten Potential stets auf das gleiche Ruhepotential einstellt, so daß die anschließend ermittelte ^{3}H-Radioaktivität immer nur dem bei diesem unbekannten Potential adsorbierten H_2O entspricht. Für die Umgehung dieser Unsicherheit ist aber bis jetzt noch keine Alternativmethode bekannt geworden. Für die Belange der Korrosionsforschung sind derartige Untersuchungen an Edelmetall-Elektroden insbesondere von Interesse bei der Aufklärung der Bedingungen, bei denen die Reduktion des im wäßrigen Medium gelösten Sauerstoffs nicht nur bis zum H_2O_2, sondern im Vier-Elektronenumsatz:

$$O_2 + 2\,H_2O + 4\,e^- \rightarrow 4\,OH^- \qquad (16)$$

abläuft [50, 51], denn der letztere ist Voraussetzung für die außenstromlose Passivierung von Metalloberflächen [2, 3, 40, 52, 53].

6. Zur Bestimmung von Wasser und seinen Bestandteilen in oxidischen Passivschichten

Mehrere Metalle lassen sich bekanntlich in wäßrigen Lösungen durch hinreichend hohe anodische Polarisation oder durch Einwirkung eines genügend starken Oxydationsmittels passivieren [1–3, 5, 40, 52]. Es gilt heute als gesichert, daß der Aufbau der oxidischen Passivschicht nur in Gegenwart von Wasser gelingt und sein Dissoziationsprodukt OH^- unmittelbar am Schichtbildungsmechanismus beteiligt ist [1–3, 5, 54–59].

Bei einigen metallischen Werkstoffen bleibt die Passivschicht auch bei Wegnahme des anodischen Zwangs erhalten und gewährleistet den Korrosionsschutz, wenn im angrenzenden Elektrolyten keine aggressiven Bestandteile (z.B.: Cl^--Ionen, starke Säuren oder Basen) vorhanden sind. Andere Metalle, wozu auch die niedrig- und unlegierten Stähle gehören, erleiden unter diesen Bedingungen selbst in schadstofffreien neutralen Medien praktisch spontan eine Aktivierung [1–3, 5, 36, 40, 42].

Die Passivschicht der Fe-, Cr- und Ni-Werkstoffe wird selbst bei Aufrechterhaltung der anodischen Polarisation selektiv zerstört, wenn der Elektrolyt neben seinen normalen Bestandteilen noch bestimmte Spezies, wie Cl^--Ionen oberhalb einer kritischen Mindestkonzentration enthält. Diese Lochfraßkorrosion tritt jedoch nur innerhalb systemabhängiger Potentialbereiche auf [1, 3, 5].

Zur Aufklärung struktureller Unterschiede zwischen den oxidischen Passivschichten der verschiedenen metallischen Werkstoffe sowie der Funktion des in diesen Schichten eingebauten Wassers in allen diskutierten Formen auf ihre Stabilität wurde die ^{3}H-Radiotracertechnik bereits mehrfach angewandt [2, 21–24, 60–73]. Dabei erfolgte die Passivierung der interessierenden Metallproben auf jeden Fall in ^{3}H-markierten Elektrolytlösungen definierter Zusammensetzung, doch wurden für die radiometrische Erfassung des ^{3}H-Gehalts der erzeugten Passivschichten unterschiedliche Wege beschritten. Eine Variante bestand darin, die passivierte Probe schnell aus der wäßrigen Lösung zu entnehmen, kurz mit Aceton oder dest. H_2O zu spülen und komplett in Schwefelsäure aufzulösen. Nach Destillation des $^3H^1HO$ aus der metallionenhaltigen Säurelösung konnte die ^{3}H-Bestimmung in Aliquoten des Destillats mittels LSC vorgenommen werden [63, 64, 67]. Die dadurch erhältlichen Aussagen über den Gesamtgehalt an ^{3}H-Spezies in der Deckschicht können aber schon dadurch verfälscht sein, daß bei der Auflösung der Metallprobe in der Säure H_2 entwickelt und damit ^{3}H aus dem Elektrolyten abgereichert wurde. Daher zogen es andere Autoren vor, die Messung der ^{3}H-Radioaktivität der passivierten Proben nach ihrer Entnahme aus dem Elektrolyten im Methandurchflußzähler durchzuführen [23, 24, 62, 66]. Mit beiden Varianten wird allerdings immer nur ein summarischer Wert für alle ^{3}H-Spezies der Passivschicht zugänglich. Um Aussagen über die Art dieser Spezies, die Intensität ihrer Bindung und ihre Verteilung im Schichtprofil zu erhalten, wurde eine weitere Analysenvariante entwickelt, die im schrittweisen Abbau der Passivschicht durch selektive Auflösung oder galvanostatische katodische Reduktion ihrer einzelnen

Komponenten und Messung der ^{3}H-Radioaktivität in Aliquoten des dafür eingesetzten Elektrolyten mittels LSC besteht [2, 21, 22, 60, 61, 65, 68–73]. Dabei erwies es sich als zweckmäßig, die Passivierung der interessierenden Metallelektroden in einem ^{3}H-markierten Elektrolyten vorzunehmen und diesen nach bestimmten Passivierungszeiten gegen eine unmarkierte Pufferlösung zu wechseln. Bei der sich daran unmittelbar anschließenden katodischen Reduktion wird für i_c = const. ($\approx$15 μA/cm² [2, 69, 71, 72]) eine *U-t*-Kurve aufgenommen und der Lösung an markanten Punkten dieser Kurve ein Aliquot zur ^{3}H-Messung entnommen.

Unter Berücksichtigung der zum effektiven Nachweis von ^{3}H mittels LSC bestehenden Anforderungen [74–76] wurde ein Szintillatorsystem so optimiert, daß die ^{3}H-Messung weder durch die normalen Bestandteile einer Boratpufferlösung noch durch die infolge Reduktion der Passivschicht auftretenden Metallionen gestört wird und mit einer Zählausbeute $>30\%$ erfolgen kann [69, 71, 72, 73, 77].

Bisher wurde mit der ^{3}H-Radiotracertechnik vorzugsweise der Passivzustand von Eisenwerkstoffen untersucht. Verallgemeinernd ergab sich, daß die anodische Passivschicht auf hochlegiertem Stahl (18Cr8Ni) weniger hydratisiert ist als die von unlegierten Stählen und Reinsteisen. Wie aus Abb. 2 hervorgeht, nimmt die ^{3}H-Radioaktivität der Oxidschicht des Cr-Ni-Stahls mit Erhöhung der Passivierungsparameter U_p und t_p weiter ab. Gleichzeitig erhöht sich die Resistenz dieser Schicht gegen Lochfraß und den Prozeß der Selbstaktivierung des Stahls in 1 N H_2SO_4 bei Wegnahme des anodischen Zwangs [56, 63, 64]. Nach Untersuchungen zum Isotopenaustausch des ^{3}H der Passivschicht gegen ^{1}H eines sauerstofffreien Dioxan-Szintillatorsystems soll sich bei positiveren Passivierungspotentialen U_p hauptsächlich der an dieser Schicht relativ locker gebundene Hydratanteil (Bindungsenthalpie $\leqq$ 20 kJ/mol) verringern [56, 64], so daß die bei $U_p >$ 600 mV, SHE verbleibende, nicht austauschbare ^{3}H-Radioaktivität im wesentlichen nur noch dem CrOOH zugeordnet werden kann [1, 3, 5].

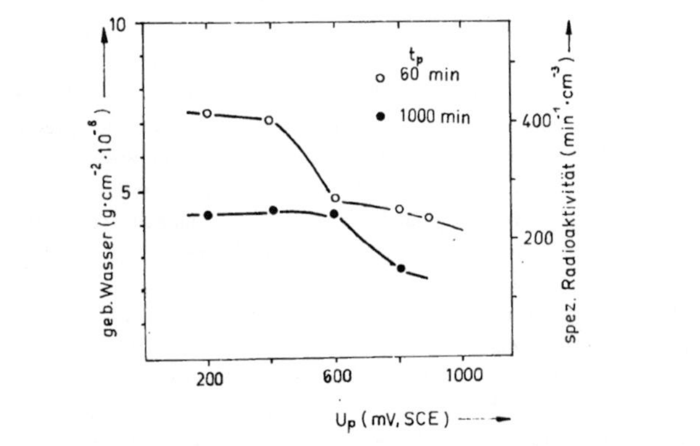

Abb. 2. „Wassergehalt" der Passivschicht auf 18,8 CrNi-Stahl in entlüfteter 1 N H_2SO_4 in Abhängigkeit von U_p und der Passivierungszeit t_p [56, 64]

Auf Fe und unlegierten Stählen liegt die für alle gebundenen ^{3}H-Spezies repräsentative Wassermenge pro Oberflächeneinheit mindestens eine Größenordnung über der von Cr-Ni-Stählen. Einige der dazu bisher vorliegenden Ergebnisse sind in Abb. 3 enthalten. Sie belegen, daß eine starke Abhängigkeit von der zur Passivierung sowie zum ^{3}H-Nachweis angewandten Arbeitsweise vorliegt. Erfolgte beispielsweise während der Aufnahme der *i-U*-Kurve bei

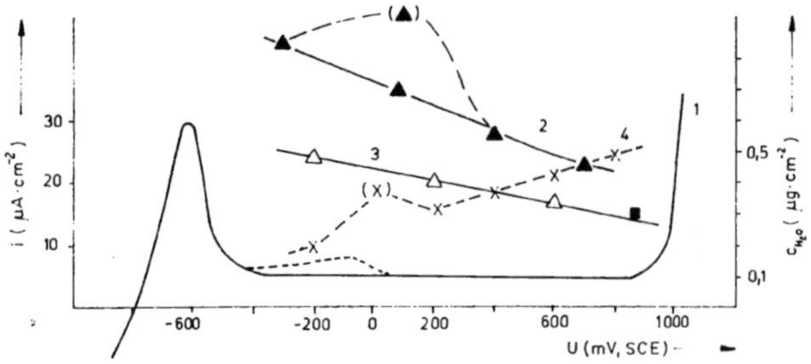

Abb. 3. „Wassergehalt" der Passivschicht auf Fe in entlüfteter Boratpufferlösung *p*H = 6,8 in Abhängigkeit von U_p und t_p

1: *i-U*-Kurve, (- - - - -) ohne Wechsel des Elektrolyten nach Passivierung; 2: t_p = 20 min, ▲ – ohne Elektrolytwechsel [71; 3: t_p = 1 h [71], ■ – t_p = 2 h [68]; 4: t_p = 1 h, × – Wert ohne Elektrolytwechsel [67]

–300 mV, SCE ein schneller Elektrolytwechsel, indem nach Überschreiten des Aktiv-Passiv-Übergangsbereichs die Eisenionen-haltige Lösung wieder gegen die reine Pufferlösung gleicher spezifischer ^{3}H-Radioaktivität ausgetauscht wurde, dann trat bei positiverer anodischer Polarisation kein ^{3}H-Maximum an der Elektrodenoberfläche auf. Dieses Maximum ist offensichtlich der Bildung von Fe(III)-Hydroxiden aus den im Aktivbereich in den Elektrolyten übergegangenen Fe^{2+}-Ionen und ihrer Abscheidung auf der Passivschicht zuzuschreiben [3, 15, 23, 66]. Die Ergebnisse von *Nagayama* und *Kawamura* [66] bestätigen diese Annahme. Danach enthalten die auf Fe in Fe^{2+}-haltigen Lösungen ($5 \cdot 10^{-4}$ M $FeSO_4$) erzeugten Passivschichten einen besonders hohen Anteil solcher Fe(III)-Hydroxide, die zwar katodisch nicht reduzierbar sind, bei der Reduktion der ersten oxidischen Schichtkomponenten aber abgespreizt werden und im Elektrolyten eine relativ hohe ^{3}H-Radioaktivität bedingen (vgl. Abb. 4). Der Anteil dieser Hydroxide war erwartungsgemäß unabhängig von der Gesamtschichtdicke des Passivoxids, korrelierte aber mit U_p [66].

Aus Abb. 3 wird ebenfalls deutlich, daß der Schichtbildungsprozeß bei t_p = 1 h weitgehend abgeschlossen zu sein scheint, denn bei $t_p >$ 1 h wurden stets die im Rahmen

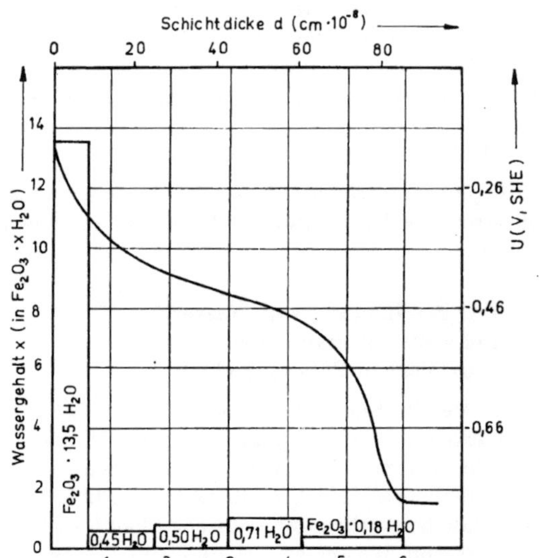

Abb. 4. Verteilung des „Wassergehaltes" der anodisch auf Fe in Fe^{2+}-haltiger Lösung erzeugten Oxidschicht [65]

Boratpuffer *p*H = 6,7, N_2-gespült, $5 \cdot 10^{-4}$ M $FeSO_4$; U_p = 600 mV, SCE; t_p = 1 h; i_c = –10 μA/cm²

des Meßfehlers gleichen spezifischen „Wasser"-Mengen gefunden [66, 68, 69, 71, 72]. Mit Erhöhung von U_p wurde gewöhnlich eine Abnahme der in die Passivschicht eingebauten Menge Wasser und seiner Bestandteile nachgewiesen [65, 66, 68, 69, 71, 72]. Nur die Werte von *Kudo* und Mitarbeitern [67] zeigen eine umgekehrte Tendenz, doch scheinen diese durch Fehler in der Probenbehandlung bei der Messung der ^3H-Radioaktivität zustande gekommen zu sein. Diese Autoren lösten die passivierten Proben in 30%iger H_2SO_4 und bestimmten den ^3H-Gehalt dieser Lösungen nach Destillation mittels LSC. Es ist nun anzunehmen, daß die Wasserstoffüberspannung an oxidbedeckten Metalloberflächen um so höher ist, je größer die Dicke und je ungünstiger die Halbleitereigenschaften dieser Schicht ausgeprägt sind. Außerdem gelangt bei der Auflösung dickerer Fe(III)-Oxidschichten ein höherer Anteil Fe^{3+}-Ionen in den Elektrolyten, der dann seinerseits für die Korrosion des Grundmetalls:

$$Fe \rightarrow Fe^{2+} + 2\,e^- \qquad (17)$$

als katodischer Teilprozeß:

$$2\,Fe^{3+} + 2\,e^- \rightarrow 2\,Fe^{2+} \qquad (18)$$

fungieren kann. Daher ist es wahrscheinlich, daß bei der Auflösung von Eisenproben, die bei relativ kleinen U_p-Werten passiviert wurden, eine stärkere H_2-Entwicklung und in ^3H-haltigen Lösungen demnach auch eine stärkere Abreicherung von ^3H auftritt als bei der Auflösung der bei positiveren U_p-Werten passivierten Proben, so daß dadurch letztlich die mit x-Punkten gekennzeichnete Kurve [67] in Abb. 3 resultierte. Daß der Gehalt an ^3H-markierten Spezies in Passivoxidschichten mit Erhöhung von U_p immer geringer wird, entspricht den heute allgemein akzeptierten Vorstellungen über die Kinetik der Passivierung [3, 5, 24, 55, 78]. Triebkraft der leichten Verdrängung beweglicher Protonen aus der Schicht ist danach die mit U_p zunehmende Feldstärke von $> 10^7$ V/cm.

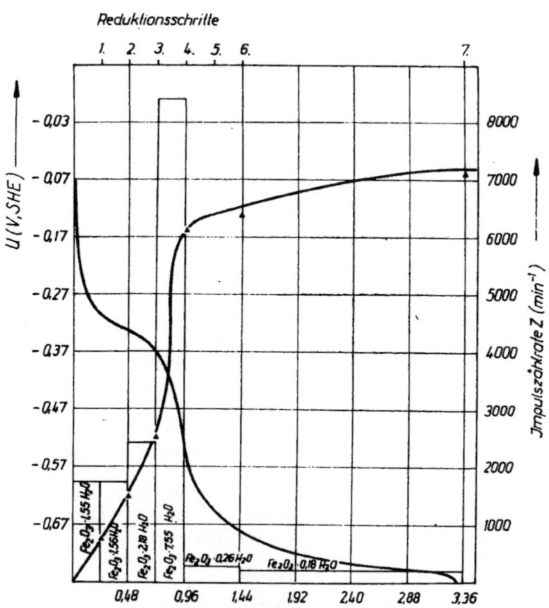

Abb. 5. Verteilung des „Wassergehalts" der anodisch auf Fe in reiner, sauerstofffreier Lösung erzeugten Passivschicht

Boratpuffer $pH = 8{,}4$; $U_p = -100$ mV, SCE; $t_p = 1$ h; $i_c = -15\ \mu A/cm^2$ [71, 72]

In Abb. 5 ist die Verteilung der ^3H-Radioaktivität innerhalb der anodisch auf Fe in sauerstofffreier Boratpufferlösung $pH = 8{,}4$ bei einem relativ niedrigen U_p-Wert erzeugten Passivschicht dargestellt [71, 72]. Es ist erkennbar, daß bei der galvanostatischen katodischen Reduktion dieser Schicht die höchste ^3H-Konzentration im Elektrolyten auftritt, sobald deren äußere Komponente (γ-FeOOH; γ-Fe_2O_3 [2]) abgebaut ist. Zur besseren Vergleichbarkeit mit Literaturangaben wurden aus den ^3H-Gehalten der einzelnen Reduktionsschritte und den jeweiligen Ladungsmengen formale Anteile $Fe_2O_3 \cdot x\,H_2O$ berechnet und in Abb. 5 angegeben.

Bemerkenswert ist, daß bei Fe, das in ^3H-markierter Elektrolytlösung passiviert und anschließend in unmarkierter Lösung zur Schichtreduktion katodisch belastet wurde, nach Versuchsende mit dem Methandurchflußzähler stets eine Restradioaktivität des Probenmaterials registriert werden konnte. Es handelt sich dabei um in das Metall eindiffundiertes $^3H_2$, da die H_2-Entwicklung bei der galvanostatischen katodischen Reduktion der Passivschicht bereits einsetzt, sobald deren äußere Komponente reduziert und die Elektrode noch mit Fe_3O_4 bedeckt ist [2, 71]. Dieser Umstand ist bei der Berechnung des Gesamtanteils „gebundenes Wasser" zu berücksichtigen.

An Passivschichten, die auf Fe in wäßriger Lösung durch O_2 [2, 72] oder $NaNO_2$ [66, 72] erzeugt wurden, wird Wasser sowohl chemisch gebunden als auch physikalisch adsorbiert. Das geht z.B. aus Untersuchungen zum ^3H-^1H-Isotopenaustausch hervor, wenn der ^3H-markierte, passivatorhaltige Elektrolyt gegen einen ^3H-freien ansonsten gleicher Zusammensetzung gewechselt und nach dem Eintauchspülverfahren die Abnahme der ^3H-Radioaktivität der Passivschicht periodisch mittels Methandurchflußzähler verfolgt wurde (vgl. Abb. 6 [2, 72]). Ein Vergleich der coulometrisch ermittelten Eisenoxidmenge [2, 71, 72] mit dem Gehalt des chemisch gebundenen Wassers (Anteil Kurvenabschnitt b bei $\lg t = 0$ in Abb. 6) liefert für den elektrolytseitigen Bereich der außenstromlos gebildeten Passivschicht des Fe ein Molverhältnis $Fe_2O_3 : H_2O = 1:1$, was formal der Zusammensetzung des FeOOH entspricht.

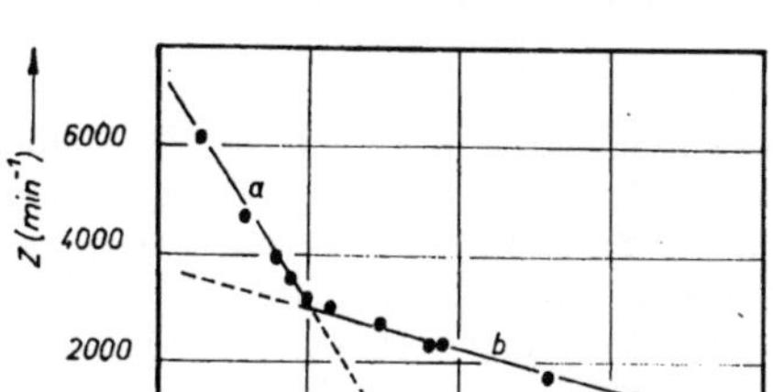

Abb. 6. Ergebnisse des ^3H-^1H-Isotopenaustauschs der Passivschicht auf Fe in O_2-haltiger Boratpufferlösung $pH = 8{,}4$ nach dem Eintauchspülverfahren [2]

$U_R = -210$ mV, SCE; a – physisorbiertes Wasser; b – chemisch gebundenes Wasser

Auf Ta-Filmen, die durch Sputtering auf Glassubstraten abgeschieden worden waren, enthält die bei anodischer Polarisation in wäßrigen ^3H-markierten, Ethandisäure-Ethandiol-Bädern gebildete Oxidschicht ebenfalls 2 Arten ^3H-haltiger Spezies. Eine davon wird bereits bei Lagerung an trockener Luft abgereichert und scheint physisorbiertes Wasser zu sein. Die andere, von der auch die elektrischen Eigenschaften der gesamten Probe abhängen, wird erst bei höheren Temperaturen (> 450 K) abgebaut und soll ent-

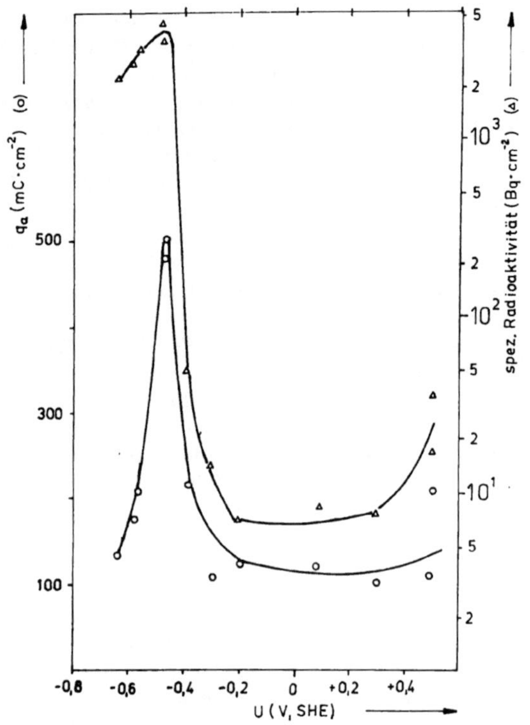

Abb. 7. Spezifische ^{3}H-Radioaktivität von passiviertem Co in 2 M NaOH in Abhängigkeit vom Elektrodenpotential und der zum Schichtauf- bzw. -abbau benötigten Ladungsmenge [73]

weder hydroxidischer Natur sein oder aus Verbindungen des Ta mit Badbestandteilen bestehen [62].

Bei der anodischen Passivierung rotierender Scheibenelektroden aus polykristallinem Co entsteht nach ^{3}H-Radiotracerversuchen $Co(OH)_2$ als Primärprodukt. Daher ist, wie aus Abb. 7 hervorgeht, die spezifische ^{3}H-Radioaktivität der Elektroden bedeutend höher als nach Erreichen des Passivzustands [73]. Das dann elektrolytseitig vorliegende CoOOH soll bei der galvanostatischen katodischen Reduktion in Co_3O_4 umgewandelt werden [73].

7. Schlußfolgerungen

Wie gezeigt wurde, ist es mit Hilfe der ^{3}H-Radiotracertechnik prinzipiell möglich, die in der Korrosionsforschung interessierenden Wechselwirkungen von H_2O an oxidfreien oder mit einem Primäroxid bedeckten Metalloberflächen zu erfassen. Zur Ableitung verbindlicher Aussagen für die Mechanismen der Korrosion und Passivierung ist aber zu beachten, daß im Unterschied zur Markierung anderer dabei interessierender Spezies (z.B. Anionen) bei ^{3}H-markiertem Wasser eine Besonderheit vorliegt. Diese besteht darin, daß die auf der Probenoberfläche nachweisbare ^{3}H-Radioaktivität nicht nur für das dort vorhandene H_2O, sondern für eine Vielzahl ^{3}H-haltiger Spezies charakteristisch sein kann und nur durch umfassende Variation der Versuchsbedingungen sowie in enger Verbindung mit systembezogenen theoretischen Überlegungen eingrenzend auswertbar ist. Auf diese Weise sind auch die durchaus diskutablen, aber im einzelnen noch unbekannten Isotopieeffekte [6, 8, 24, 68, 72, 73, 79—82] bei dieser Problematik ausschaltbar.

Eingegangen am 30. 3. 1983

Literatur

[1] *U. R. Evans* Corrosion and Oxidation of Metals. New York: Crane, Russak and Co. 1977
[2] *G. Reinhard*, Dissertation B, TU Dresden 1977
[3] *H. Kaesche*, Die Korrosion der Metalle. Berlin, Heidelberg, New York: Springer-Verl. 1979
[4] *G. Schikorr*, Z. Elektrochem. **39** (1933) 409
[5] *A. Rahmel, W. Schwenk*, Korrosion u. Korrosionsschutz von Stählen. Weinheim, New York: Verlag Chemie 1977
[6] *M. Wenzel, P. E. Schulze*, Tritiummarkierung. Berlin: W. de Gruyter-Verlag 1962
[7] *L. Herforth, H. Koch*, Praktikum der angewandten Radioaktivität. Berlin: VEB Deutscher Verlag d. Wiss. 1972
[8] *K. H. Lieser*, Einführung in die Kernchemie. Weinheim, Deerfield Beach/Florida, Basel: Verlag Chemie 1980
[9] *G. Reinhard*, Isotopenpraxis 18 (1982) 41
[10] *K. Schwabe*, Physikalische Chemie Bd. 1, Berlin: Akademie-Verl. 1973
[11] Autorenkollektiv, Elektrolytgleichgewichte u. Elektrochemie, Lehrwerk Chemie Bd. 5. Leipzig: VEB Deutscher Verl. f. Grundstoffind. 1974
[12] *H. Falkenhagen*, Theorie der Elektrolyte. Leipzig: S. Hirzel-Verlag 1971
[13] *G. Reinhard*, Isotopenpraxis 18 (1982) 157
[14] *C. R. Brundle*, Surface Sci. **66** (1977) 581
[15] *T. L. Barr*, J. Phys. Chem. **92** (1978) 1801
[16] *G. Reinhard*, Wiss. Z. d. TU Dresden **28** (1979) 361
[17] *R. Burshtein*, J. Res. Inst. Catalysis Hokkaido Univ. **28** (1980) 41
[18] *J. J. Bikerman*, Surface Chemistry, Theory and Applications. New York: Academic Press 1958, Ch. III
[19] *E. McCafferty, A. C. Zettlemoyer*, Disc. Faraday Soc. (London) **52** (1972) 239
[20] *Chr. Weißmantel, K. Schwabe, G. Hecht*, Werkst. u. Korr. **12** (1961) 353
[21] *W. Hermel*, Dissertation, TU Dresden 1967
[22] *W. Hermel, K. Schwabe*, Abh. Deutsche Akad. Wiss. Nr. 87 (1967)
[23] *J. W. Schultze*, Chimia **23** (1969) 305
[24] *J. W. Schultze*, Electrochim. Acta **17** (1972) 451
[25] *F. Marion, A. Duquesnoy, P. Dherbomez*, Bull. Soc. Chim. France **1964**, 1290
[26] *R. Schnoor*, Dissertation, TU Dresden 1971
[27] *R. Schnoor, K. Schwabe*, Z. phys. Chem. (Leipzig) **255** (1974) 261
[28] *R. J. Brunauer, J. Emmett*, Amer. Chem. Soc. **59** (1938) 1558
[29] *J. M. Heras, L. V. de Heras, G. Wedler, R. Suhrmann*, Ber. Bunsenges. phys. Chem. **68** (1964) 511 u. **68** (1964) 990
[30] *K. Thiemt*, Dissertation, TU Dresden 1970
[31] *K. Thiemt*, Isotopenpraxis 8 (1972) 57 u. 135
[32] *E. McCafferty, A. C. Zettlemoyer*, Z. phys. Chem. N.F. (Frankfurt/Main) **64** (1969) 41
[33] *K. Schwabe*, Z. phys. Chem. (Leipzig) **226** (1964) 1
[34] *K. Schwabe, W. Leonhardt*, Chem.-Ing.-Techn. **38** (1966) 59
[35] *K. Hauffe*, Reaktionen in und an festen Stoffen. Berlin, Göttingen, Heidelberg: Springer-Verl. 1966
[36] *G. Reinhard*, Wiss. Z. d. Pädagog. Hochschule Güstrow (im Druck)
[37] *S. Trasatti*, J. Electroanal. Chem. **54** (1974) 437
[38] *A. J. Sprott, D. J. Spedding*, Int. J. Appl. Radiat. Isotopes **28** (1977) 796
[39] *D. J. Spedding, A. J. Sprott*, Proc. of the 8th Int. Congr. on Metallic Corrosion, Mainz 1981, p. 329
[40] *G. Reinhard*, Chem. Techn. **30** (1978) 514
[41] *T. Sydberger, R. Ericson*, Werkst. u. Korr. **28** (1977) 154
[42] *G. Reinhard, Chr. Irmscher*, Werkst. u. Korr. **34** (1983) 365
[43] *C. H. Rochester, S. A. Topham*, J.C.S. Faraday I, **75** (1979) 591 u. 1073
[44] *G. Reinhard, Chr. Irmscher*, Werkst. u. Korr. **31** (1980) 912
[45] *E. Wicke*, Angew. Chem. **78** (1966) 1
[46] *G. Ertl*, Angew. Chem. **88** (1976) 423
[47] *A. N. Frumkin*, Z. Elektrochem. **59** (1955) 807
[48] *J. W. Schultze*, Ber. Bunsenges. phys. Chem. **73** (1969) 483
[49] *W. E. Kasarinow, W. N. Andreew*, Elektrochimija (Moskwa) **14** (1978) 339
[50] *L. Müller, L. N. Nekrassow*, J. Electroanal. Chem. **9** (1965) 282
[51] *Ch. Fabjan, M. Arizian*, Ber. Bunsenges. Phys. Chem. **80** (1976) 560
[52] *G. Reinhard*, Korrosion (Dresden) **9** (1978) 275
[53] *W. Fischer, W. Siedlarek*, Werkst. u. Korr. **30** (1979) 695
[54] *K. Schwabe*, Z. f. Chem. **11** (1971) 245
[55] *K. J. Vetter*, Electrochim. Acta **16** (1971) 1923
[56] *G. Okamoto*, Corros. Sci. **13** (1973) 471
[57] *A. A. El Miligy, D. Geana, W. J. Lorenz*, Electrochim. Acta **20** (1975) 273
[58] *H.-J. Rätzer-Scheibe, H. Buhl*, Werkst. u. Korr. **26** (1975) 2
[59] *K. Ogura*, Electrochim. Acta **25** (1980) 335
[60] *Nguyen Quy*, Dissertation, TU Dresden 1962
[61] *K. Schwabe*, Naturwissenschaften (Berlin) **49** (1962) 3, 56
[62] *G. M. Krembs*, J. electrochem. Soc. **110** (1963) 938

[63] *G. Okamoto, T. Shibata*, Nature (London) **206** (1965) 1350
[64] *G. Okamoto, T. Shibata*, Proc. 3rd Int. Congr. of Metallic Corrosion Moscow 1966, p. 396
[65] *M. Nagayama, S. Kawamura*, Electrochim. Acta **12** (1967) 1109
[66] *H. T. Yolken, J. Kruger, J. P. Calvert*, Corros. Sci. 8 (1968) 103
[67] *K. Kudo, T. Shibata, G. Okamoto, N. Sato*, Corros. Sci. 8 (1968) 809
[68] *Ja. B. Skuratnik, M. A. Dembrovskij, A. P. Pčelnikov*, Zascita metallov (Moskva) **6** (1970) 681
[69] *G. Reinhard, J. Pirrwitz*, Isotopenpraxis **11** (1975) 134
[70] *N. Sato, K. Kudo, T. Noda*, Z. phys. Chem. N. F. (Frankfurt/Main) 98 (1975) 271
[71] *G. Reinhard, F. Schneider*, Tagungsband d. II. Int. Konf. d. RGW-Länder über Korrosion u. Korrosionsschutz, Prag 1975, S. 379
[72] *F. Schneider*, Dissertation A, TU Dresden 1978
[73] *M. Thieme*, Dissertation A, AdW der DDR, Berlin 1981
[74] *P. Jordan, E. Büchler, K. May*, J. Radioanal. Chem. **14** (1973) 71
[75] *S. Apelgot, M. Duquesne*, in: Liquid Scintillation; Science and Technology. New York, San Francisco, London: Academic Press, Inc. 1976, pp. 33–45
[76] *H. Simon*, Messung von radioaktiven und stabilen Isotopen. Berlin, Heidelberg, New York: Springer Verl. 1974
[77] *G. Reinhard, J. Pirrwitz*, Isotopenpraxis **10** (1974) 335
[78] *U. Stimming, J. W. Schultze*, Electrochim. Acta **24** (1979) 859
[79] *J. Biegeleisen*, Science **110** (1949) 14
[80] *O. Sepall, S. G. Mason*, Canad. J. Chem. **38** (1960) 2024
[81] *J. O'M. Bockris, D. B. Matthews*, Electrochim. Acta **11** (1966) 143
[82] *I. R. Bellobono, F. Mazza*, J. Phys. Chem. **75** (1971) 2112

Isotopenpraxis **20** (1984) 1, S. 9 bis 12

Originalarbeiten

Anwendung der Isotopenverdünnung zur Untersuchung von Korrosionsprozessen in Metallen

Al. Cecal

(Fakultät für chemische Technologie des Polytechnischen Instituts Splai Bahlui-71)[1])

In der vorliegenden Arbeit wird eine radiochemische Methode zur Untersuchung des Korrosionsprozesses an einigen Metallproben in verschiedenen aggressiven Medien vorgestellt, die auf der Isotopenverdünnung basiert. Dafür wurden die beiden Stahltypen 35 M-16 und OT-60 sowie Gußeisen FC-20 verwendet. Als korrosive Medien wurden Salzsäure, Schwefelsäure und Salpetersäure unter verschiedenen experimentellen Bedingungen benutzt. Die nichtradioaktiven Eisenionen in der Lösung, die man durch anodische Auflösung der zu untersuchenden Metallprobe erhält, wirken als internes Verdünnungsmittel auf die radioaktiven Ionen $^{55+59}Fe^{3+}$*, die sich von Anfang an im gegebenen korrosiven System befinden. Der Korrosionsprozeß dieser Metallproben wurde quantitativ durch einen kinetischen Parameter, bezeichnet als „Widerstandsgrad der Metallprobe gegenüber der Wirkung des aggressiven Mittels", beschrieben.*

In the present work, a radiochemical method of investigating the corrosion process in various aggressive agents based on isotope dilution is presented on some metal samples. For this investigation, 35 M-16 steel and OT-60 steel as well as FC-20 cast iron were used. As corrosive agents, hydrochloric acid, sulphuric acid and nitric acid were used under various experimental conditions. The non-radioactive iron ions in the solution yielded as a result of anodic dissolution of the metal sample to be investigated act as internal diluent for the radioactive $^{55+59}Fe^{3+}$ *ions, which have been present in the given corrosive system from the very beginning. The corrosion process has been described quantitatively by means of a kinetic parameter called the „degree of resistivity of the metal sample to the aggressive agent".*

Keywords

cast iron; chemical reaction kinetics; corrosion; iron 55; iron 59; isotope dilution; steel

Einleitung

Mit der Anwendung von markierten Atomen bei der Untersuchung des Korrosionsprozesses und des Passivverhaltens einiger Metalle hat sich eine ganze Reihe von Autoren [1–4] beschäftigt. Es wurden verschiedene Experimentiertechniken entwickelt, die die Verfolgung der Verteilung der Radioisotop ein sehr dünnen Schichten auf verschiedenen der Korrosion ausgesetzten Metalloberflächen gestatten. So wurden autoradiographische Arbeitstechniken unter Nutzung sehr empfindlicher fotografischer Emulsionen oder nach dem Prinzip des Auffindens markierter Atome in bestimmten Zonen mit Hilfe entsprechender Detektoren angewendet [5, 6].

Mittels der Neutronenaktivierung des Eisens und des Chroms in einigen Spezialstählen erhält man die Radioisotope ^{59}Fe und ^{51}Cr, mit deren Hilfe *Close* und *Hines* [7] die Korrosionskinetik jener Metallproben in verschiedenen aggressiven Medien untersuchten. *Turos* und *Wilhelmi* [8] wandten das Prinzip der Rediffusion einiger schwerer Teilchen wie ^{2}H, ^{3}He und ^{4}He an, um den Korrosionsgrad einiger Metalle zu bestimmen.

Kolotyrkin [9] untersuchte die langsamen Korrosionsprozesse durch gleichzeitige Anwendung elektrochemischer und radioaktiver Methoden. *Aziz* [10] verwendete die Radioisotope ^{60}Co und ^{204}Pb, um den örtlichen Korrosionsmechanismus auf einer Aluminiumunterlage aufzuklären. Die vorliegende Arbeit ist eine Fortsetzung einer früher begonnenen radiochemischen Untersuchung der Korrosionskinetik der Metalle [11–17] unter verschiedenen experimentellen Bedingungen. Es wurde die Korrosion einiger Stahproben vom Typ 35 M-16 und OT-60 sowie einiger Gußeisenproben vom Typ FC-20 in den korrosiven Medien Salzsäure, Schwefelsäure und Salpetersäure untersucht. Dazu wurde eine Arbeitstechnik angewendet, die auf der Isotopenverdünnung beruht [18–21]. Diese Verdünnung der radioaktiven Ionen $^{55+59}Fe^{3+}$, die von Anfang an

[1]) R-6600 Iasi, Rumänien

in der korrosiven Lösung existieren, wird durch die nichtradioaktiven Eisenionen bewirkt, die man als Folge der anodischen Auflösung der Metallprobe erhält.

Versuchsbeschreibung

Zu Beginn wurden 6 Versuchsserien mit je 3 zylindrischen Gläsern von 250 ml Volumeneinhalt angesetzt. In die ersten 3 Serien mit je 3 Gläsern wurden je 100 ml Salzsäure (1 N, 0,5 N und 0,1 N) eingefüllt, in die 4. und 5. Serie je 100 m Schwefelsäure bzw. Salpetersäure. Die Gläser der letzten Serie wurden ebenfalls mit je 100 ml Salzsäure (1 N) gefüllt.

Dann wurden in jedes Glas je 20 ml $^{55+59}Fe^{3+}$-Lösung (10^{-3} M) gefüllt, die eine spezifische Aktivität von $7{,}4 \cdot 10^5$ Bq/ml hatte. Die Stahlproben 35 M-16 und OT-60 sowie die Gußeisenproben FC-20 mit ungefähr gleichen Abmessungen, deren chemische Zusammensetzung in Tab. 1 dargestellt sind, wurden zuerst poliert, mit Wasser und Aceton entfettet und dann in einem mit P_2O_5 gefüllten Vakuumexsikkator getrocknet. Danach wurde in jede Versuchsreihe, bestehend aus je 3 Gläsern, deren korrosiver Inhalt vorher vorbereitet worden war, je ein Probenstück aus Stahl 35 M-16 und OT-60 und aus Gußeisen FC-20 gebracht. Für die ersten fünf Serien zu je drei Gläsern wurden die Untersuchungen bei 293,7 K, für die letzte Serie bei 314,3 K vorgenommen.

Tab. 1. Chemische Zusammensetzung der untersuchten Metallproben

Probe	C %	Mn %	Si %
35 M-16	0,39	1,77	0,26
OT-60	0,40	0,87	0,32
FC-20	3,28	0,80	2,10

Nach bestimmten Zeitintervallen wurden aus den korrosiven Lösungen, die die entsprechenden Metallproben enthielten, Proben von je 1 ml entnommen und in je einen Porzellanschmelztiegel gefüllt. Nach dem Eindunsten der Lösungen in den Schmelztiegeln mit Hilfe einer Infrarotlampe wurde die Aktivität der erhaltenen Rückstände gemessen. Dazu benutzte man einen *Geiger-Müller*-Detektor für β-Strahlung (3 mg/cm²), angeschlossen an einen „Orion-Decimal Scaler"-Zähler. Mit diesen Messungen wurde festgestellt, daß die spezifische Aktivität der Säureproben mit fortschreitendem Korrosionsprozeß sinkt.

Um zu beweisen, daß sich dieser Aktivitätsabfall von dem aus dem radioaktiven Zerfall des Radionuklidgemisches $^{55+59}Fe$ unterscheidet, wurde eine Vergleichsprobe hergestellt: Zu 100 ml Wasser wurden 20 ml $^{55+59}FeCl_3$-Lösung (10^{-3} M) gefüllt, die die gleiche spezifische Aktivität wie die vorher benutzte Lösung hatte. Aus dieser Mischung wurde 1 ml Lösung entnommen und ebenfalls in einen Porzellanschmelztiegel gefüllt. Nach dem Eindunsten erhielt man einen Rest, dessen Aktivität mit demselben Gerät gemessen wurde, mit dem man die spezifische Aktivität der aus den korrosiven Lösungen entnommenen Proben bestimmt hatte.

Jedesmal wurde festgestellt, daß zum gleichen Zeitpunkt die spezifische Aktivität der Vergleichsprobe [Imp./min · ml] höher war als die der korrosiven Lösung.

Ergebnisse und Diskussion

Die Korrosion irgendeiner Probe aus Eisen in saurem Medium kann durch zwei parallel und gleichzeitig ablaufende Reaktionen [22–25] wiedergegeben werden:

– anodische Auflösung der entsprechenden Metallprobe:

$$Fe \rightarrow Fe^{2+} + 2\,e^-$$

$$Fe^{2+} \rightarrow Fe^{3+} + e^-$$

– Reduktion der Wasserstoffionen, die die Rolle eines Depolarisationsmittels spielen:

$$3\,H^+ + 3\,e^- \rightarrow 3/2\,H_2$$

(Die anderen möglichen Reaktionen sind:

$$Fe + 2\,H^+ \rightarrow Fe^{2+} + H_2$$

$$Fe^{2+} + H^+ \rightarrow Fe^{3+} + 1/2\,H_2, \text{ usw.})$$

Infolgedessen wirken die nichtradioaktiven Eisenionen, die als Folge des Korrosionsprozesses in das aggressive Medium übergehen, als Verdünnungsfaktor bzw. -mittel auf die radioaktiven Ionen $^{55+59}Fe^{3+}$, die von Anfang an in diesem System enthalten waren. Die Molarfraktion der radioaktiven Ionen $^{55+59}Fe^{3+}$ in 1 ml Lösung

$$x_{^{55+59}Fe^{3+}} = \frac{[^{55+59}Fe^{3+}]}{[^{55+59}Fe^{3+}] + [Fe^{2+}] + [Fe^{3+}]} \quad (1)$$

verkleinert sich durch das Anwachsen der Konzentration der nichtradioaktiven Ionen Fe^{2+} und Fe^{3+} als Folge der Korrosion der in der korrosiven Lösung enthaltenen Metallprobe. Diese Tatsache führt zum Abfall der spezifischen Aktivität [Imp./min · ml] der entsprechenden Lösung, da

$$R[\text{Imp./min} \cdot \text{ml}] = f(x_{^{55+59}Fe^{3+}}) = f\left(\frac{1}{[Fe^{n+}]}\right) \quad (2)$$

mit $[Fe^{n+}] = [Fe^{2+}] + [Fe^{3+}]$ ist.

Also wird das isotope Verdünnungsmittel nicht von außen zugeführt wie bei der Isotopenverdünnungsanalyse, sondern rührt vom inneren Korrosionsprozeß her, dem die Metallprobe im aggressiven Medium ausgesetzt ist. Außerdem wird die von der Ionen $^{55+59}Fe^{3+}$ emittierte Strahlung zunehmend von den nichtradioaktiven Resten im Schmelztiegel absorbiert, die aus dem korrosiven Medium nach Ablauf des anodischen Auflösungsprozesses der Metallprobe entstehen.

Im Hinblick auf die quantitative Darstellung des Korrosionsprozesses wurde ein kinetischer Parameter eingeführt, bezeichnet als „Widerstandsgrad (q) der Metallprobe gegenüber der Wirkung des Korrosionsmittels":

$$q = \frac{R_0 - R}{R_0} \cdot 100\% \quad (3)$$

R_0 ist die spezifische Aktivität der Ausgangslösung [Imp./min · ml]. R ist die Differenz zwischen der spezifischen Aktivität der Vergleichslösung und der spezifischen Aktivität der jener Lösung zu einem beliebigen Zeitpunkt entnommenen Probe [Imp./min · ml].

Die Schwankung dieses Parameters als Funktion der Zeit hängt unter anderem von der Art der Metallprobe, von der Art und der Konzentration der korrosiven Lösung sowie von der Temperatur des Reaktionssystems ab. Durch die graphische Darstellung von $q = f(t)$ erhält man eine Kurve, die den Ablauf des Korrosionsprozesses beschreibt.

In dieser Arbeit wurde der Korrosionsprozeß von drei verschiedenen Metallproben verfolgt, von den Stahlarten 35 M-16 und OT-60 und einem Probenstück aus Gußeisen FC-20. Sie wurden den korrosiven Medien HCl (1 N; 0,5 N

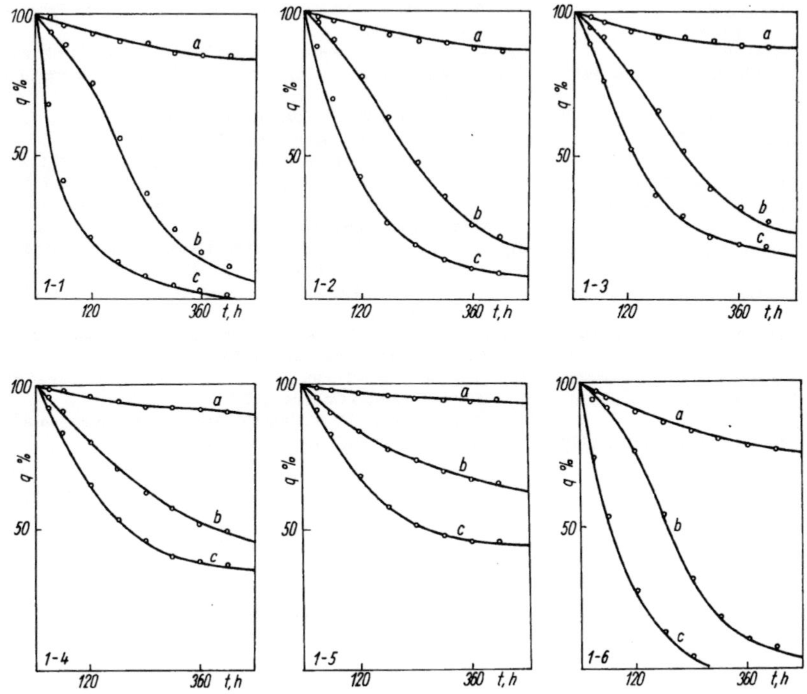

Abb. 1. Abhängigkeit des Widerstandsgrades der Metallprobe von der Wirkung des korrosiven Mediums
– bei einer Temperatur von 293,7 K: 1–1: HCl (1 N); 1–2: HCl (0,5 N); 1–3: HCl (0,1 N); 1–4: H_2SO_4 (1 N); 1–5: HNO_3 (1 N)
– bei einer Temperatur von 314,3 K: 1–6: HCl (1 N) a – bedeutet Stahl 35 M-16; b – bedeutet Stahl OT-60; c – bedeutet Gußeisen FC-20

und 0,1 N), H_2SO_4 (1 N) und HNO_3 (1 N) bei einer Temperatur von 293,7 K ausgesetzt. Alle Bestimmungen wurden bei konstant gehaltenen Temperaturen gemacht. In HCl (1 N) arbeitete man auch bei 314,3 K.

Die experimentell gewonnenen Daten als Funktion der Zeit, $q = f(t)$, sind graphisch in Abb. 1 dargestellt. Für denselben Metalltyp stellt man fest, daß die Korrosion in HCl schneller abläuft als in H_2SO_4 oder in HNO_3, d. h., zu einem gegebenen Zeitpunkt ist der Widerstandsgrad q des Probenstückes gegenüber der Wirkung des aggressiven Mediums in Salzsäure kleiner als in Schwefel- oder Salpetersäure.

Die Wahrscheinlichkeit, daß sich in Salzsäure eine unlösliche chemische Verbindung (Oxid oder Salz), die eine hemmende Wirkung auf den Korrosionsprozeß ausübt, auf der Oberfläche der betreffenden Metallprobe bildet, ist gering. Aber bei Schwefel- oder Salpetersäure ist die Bildung solcher chemischen Schutzverbindungen auf der zu untersuchenden Metallprobe möglich [26–31].

In Schwefelsäure können sich auf der Oberfläche der Metallprobe schwerlösliche Verbindungen des Typs $Fe_2(OH)_2(SO_4)_2$ oder $Fe(OH)_3$ bilden. In Salpetersäure, in der der Korrosionsprozeß langsamer abläuft als in Salz- oder Schwefelsäure, ist die Bildung von Metalloxiden mit nichtstöchiometrischer Zusammensetzung möglich, z.B. durch Reaktion des Sauerstoffs auf der Metalloberfläche.

Die experimentell gewonnenen Ergebnisse zeigen, daß sich der Widerstandsgrad des Probenstückes gegenüber dem korrosiven Medium zu einem beliebigen Zeitpunkt und bei konstanter Temperatur folgendermaßen verhält:

$$HCl(1\,N) < HCl(0{,}5\,N) < HCl(0{,}1\,N)$$

Wenn man die Wirkung eines beliebigen Korrosionsmittels betrachtet, stellt man fest, daß sich zu einem beliebigen Zeitpunkt der Widerstandsgrad der Metallprobe gegenüber der Wirkung dieses Korrosionsmittels wie folgt verhält:

$$FC\text{-}20 < OT\text{-}60 < 35\,M\text{-}16$$

Es ist bekannt, daß ein korrosives Medium langsamer auf einen Stahl einwirkt, der weniger Kohlenstoff aber mehr Chrom, Molybdän, Vanadium und andere Übergangselemente enthält [32–35].

Die antikorrosive Schutzwirkung dieser Übergangsmetalle entsteht durch die Wechselbeziehung der Atomorbitale d, die teilweise belegt sind, mit einigen Elektronen der Eisenatome:

$$Fe \rightarrow Fe^{3+} + 3\,e^-$$

Diese Auffangwirkung gegenüber den Elektronen des Eisens seitens der Übergangselemente des untersuchten Stahls behindert den Ablauf des Korrosionsprozesses mehr oder weniger, je nach Art und Konzentration dieser Elemente.

Wenn man die Abbildungen 1–1, 1–2 und 1–3 näher untersucht, stellt man fest, daß bei größerer Konzentration der Salzsäure auch der Korrosionsprozeß intensiver abläuft durch das Anwachsen der Konzentration von Wasserstoffionen mit depolarisierender Wirkung. Mit dem Ansteigen der Temperatur (Abb. 1–1 und 1–6) fällt der Widerstandsgrad q der Metallprobe gegenüber der Wirkung von HCl (1 N), d. h., der gegebene Korrosionsprozeß wird durch eine höhere Temperatur begünstigt.

Eingegangen am 23. 2. 1983

Literatur

[1] *D. M. Brasher, J. G. Beynon, A. D. Mercer, J. E. Rhoades-Brown*, Proc. 2ème Symp. Européen sur la Inhibiteurs de la Corrosion, 1965, Ferrara, Annali del'Università, 1966
[2] *J. G. N. Thoman*, Werkst. Korr. **19** (1968) 957
[3] *F. Wormwell, J. G. N. Thoman*, Soc. Chem. Ind. London, Monogr. 28 (1968) 365
[4] *K. Schwabe*, Chem. Technol. **10** (1958) 469
[5] *K. H. Lieser, O. Kalvenes, S. Compostella*, Corros. Sci. **4** (1964) 51
[6] *C. B. Gilpin, D. H. Paul, S. K. Asunmaa, N. A. Tiner*, Amer. Soc. Testing Mater. Sp. Publ. **396** (1965) 7
[7] *J. H. Close, B. D. Hines*, Isotop. Radiat. Technol. **7** (1970) 104

[8] *A. Turos, Z. Wilhelmi*, Nukleonika **14** (1969) 319
[9] *Ya. M. Kolotyrkin*, Electrochim. Acta **18** (1973) 593
[10] *P. M. Aziz*, J. Electrochem. Soc. **101** (1954) 120
[11] *Al. Cecal, N. Calu, P. Harabor*, Bull. Soc. Chim. France **5/6** (1975) 1076
[12] *Al. Cecal, St. Rosu*, Radiochim. Acta **23** (1976) 22
[13] *Al. Cecal, D. Ciobanu*, Radiochim. Acta **28** (1981) 171
[14] *Al. Cecal*, Isotopenpraxis **17** (1981) 328
[15] *Al. Cecal, V. Stan*, Z. phys. Chem. (Leipzig) **263** (1982) 117
[16] *Al. Cecal, D. Ciobanu*, Radiochem. Radioanal. Letters **51** (1982) 9
[17] *Al. Cecal*, Electrochim. Acta **28** (1983) 681
[18] *J. Tölgyessy, V. Jesenak, T. Braun*, Radiochemical Methods of Analysis, Vienna: IAEA 1965
[19] *K. H. Lieser*, Einführung in die Kernchemie. Berlin: Springer-Verl. 1967
[20] *H. A. C. McKay*, Principles of Radiochemistry, London: Butterworth, 1971
[21] *L. Herforth, H. Koch*, Radiophysikalisches und radiochemisches Grundpraktikum, Berlin: VEB Deutscher Verlag der Wissenschaften 1962
[22] *W. Forker*, Elektrochemische Kinetik. Berlin: Akad. Verlag 1966
[23] *J. C. Scully*, The Fundamentals of Corrosion. Pergamon Press New York: 1966
[24] *L. Antropov*, Theoretical Electrochemistry. Moscow: Mir Publ. 1972
[25] *P. Orlowski*, Comment vaincre la corrosion métallique. Paris: Eyrolles 1973
[26] *U. R. Evans, T. P. Hoar*, J. Electrochem. Soc. **99** (1952) 212
[27] *K. Schwabe*, Electrochim. Acta **3** (1960) 663
[28] *K. Schwabe, G. Müller*, Z. phys. Chem. (Leipzig) **215** (1960) 143
[29] *K. C. Tripathi, K. Schwabe*, Rev. Chim. (Bucuresti) **7** (1962) 599
[30] *N. D. Tomashov, G. V. Chernova*, Passivity and Protection of Metals against Corrosion. New York: Plenum Press 1967
[31] *J. O. M. Bockris, D. M. Drazic*, Electrochemical Science. London: Taylor and Francis Ltd. 1972
[32] *F. Tödt*, Korrosion und Korrosionsschutz. Berlin: Walter de Gruyter Co. 1961
[33] *U. R. Evans*, An Introduction to Metallic Corrosion. London: Edward Arnold Publ. Ltd. 1963
[34] *J. M. West*, Electrodeposition and Corrosion Processes. New York: D. van Nostrand Co. Inc. 1965
[35] *M. G. Fontana, R. W. Staehle*, Advances in Corrosion Science and Technology. New York: Plenum Press 1970

Isotopenpraxis **20** (1984) 1, S. 12 bis 15

Surface Activation for Wear Investigation of Precise Elements*)

J. Komosiński, M. Radwan

(Institute of Machine Engineering, Technical University of Poznań)[1]

Application of the surface activation method to wear investigation of precise elements forms some specific problems. Parameters affecting the activity distribution in the active layer, the influence of surface irregularities on local changes in a specific activity, as well as the methods of measurement of very low activities are discussed in this paper.
An example of wear investigation in a precise couple is presented, including description of some technical approaches. The main thesis of this paper were presented in a lecture titled: „Selected problems of radioisotope technique for wear investigation of precise elements", delivered in Leipzig.)*

Die Anwendung der Oberflächenaktivierung zur Verschleißuntersuchung bei Präzisionsteilen bringt einige spezifische Probleme mit sich. In der vorliegenden Arbeit werden die die Aktivitätsverteilung in der aktiven Schicht beeinflussenden Parameter, der Einfluß von Unregelmäßigkeiten in der Oberfläche auf örtliche Veränderungen in der spezifischen Aktivität sowie die Methoden der Messung sehr niedriger Aktivitäten diskutiert. Ein Beispiel der Oberflächenuntersuchung an einem Präzisionsteilepaar wird zusammen mit der Beschreibung einiger technischer Verfahrensweisen vorgestellt. Die Hauptthesen dieser Arbeit wurden in Leipzig vorgestellt.

Keywords

low level counting; radioactivation; surfaces; tracer techniques; wear

At frictional mating of the most precise elements, a linear wear of the range 10^{-5} m or less, often makes the object unserviceable (Fig. 1). In general this wear is very small when compared with a thickness of technological upper layer formed in the objects treated during all operations of the production process. Then, referring to the precise elements, there is always the inequality of

$$W_t \gg Z_{gr} \quad (1)$$

where: W_t equals the thickness of the technological upper layer, Z_{gr} is a marginal linear wear.

The subject of this paper is a discussion of the radioisotope technique of wear investigation of elements meeting the above condition.

The radioisotope wear investigation of precise metal elements in any object usually follows the algorithm (Fig. 2): (siehe S. 13)

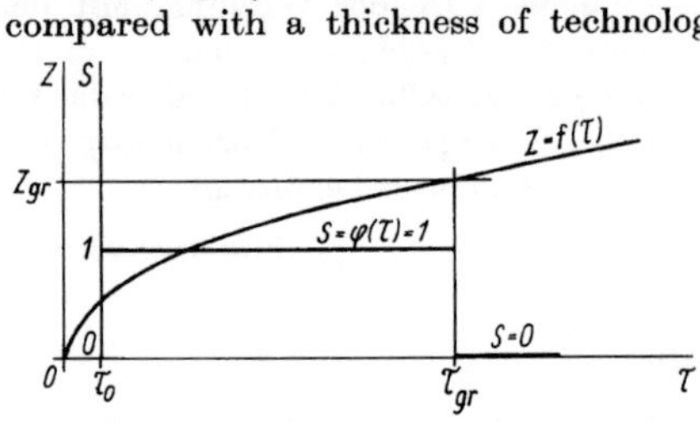

Fig. 1. Relationship of the linear wear of a precise element co-acting frictionally to the state of object

Z_{gr} – value of the element's wear at which the frictional couple is losing its capacity to realize the function upon the time of operation $\tau_{gr} - \tau_0$; τ_0 – worktime of the couple in the phase of production

1. Labelling process

There are many techniques of introducing a tracer into the investigated element, e.g. [2]. The following groups of methods can be distinguished:

- utilizing thermal processes (metallurgical, diffusion, welding);
- utilizing chemical processes (electrodeposits);

*) Presented at the 2nd Working Meeting „Radioisotope Application and Radiation Processing in Industry" 28th September to 1st October 1982, Leipzig

[1]) ul. Piotrowo 5, 60-965 Poznań, Poland

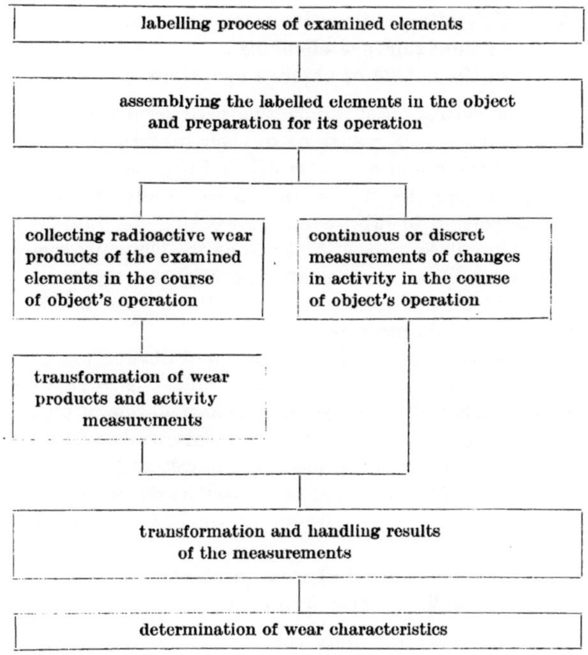

Fig. 2.

- mechanical (insertions of radioactive material);
- radiational (activation with radiation of various types).

The following requirements have to be satisfied by the labelling process in point of maintaining correct frictional coaction of the investigated elements:

i. not to change dimensions and shape of an object,
ii. not to effect changes of mechanical and chemical properties of the material, both in its upper layer and in its whole body,
iii. not to influence any changes in a state of face,
iv. maintain possibly high specific activity in the zones of anticipated wear,
v. as low as possible total activity in the examined element,
vi. tracer's radiation should be useful for the purposes of investigation (type of radiation and a lifetime of radioactive nuclide).

It can be concluded upon the analysis of tracer techniques that the cited requirements are fully the met by methods of surface activation with charged particles. Hence their intensive development can be observed in the range of machine wear investigation.

A relation of geometrical state of surface and zones of upper layer to the distribution of specific activity has to be examined with regard to the precise elements of a dimensional tolerance of 10^{-6} m (1 μm), as ignoring that question can result in substantial errors of wear intensiveness measurements.

In the course of activation, activity of the material changes with the increase of distance from the surface of incidence of corpuscular flux. Thickness of the active layer is smaller than a reach of particles. It depends on the values characterizing the flux (i.e. type of particles, their energy, degree of incidence) and on the nuclear properties of the activated nuclide (probability of occurence of a certain type of reaction and the cross section for the reactions $\sigma = \sigma(E)$).

Thus the function of activity distribution is the perpendicular direction to the geometrical surface is the one of many variables.

$$A(h) = \Phi(R, E, \alpha, \sigma, \tau) \quad (2)$$

where: R — type of particles, E — their energy, α — degree of incidence of the flux, σ — cross section, τ — time, h — a coordinate in the perpendicular direction to the surface.

The relation (2) indicates at the wide possibilities of controlling distribution of activity in the upper layer and the thickness of the active layer. In practice, energy and degree of incidence of the flux are most often changed. Polemics on the shape of distribution function, e.g. [4], encountered sometimes, are resulting from not taking account of then relationship (2). It has to be also remembered that a probability of occurence of certain types of nuclear reactions (e.g. p, n; p, 2n etc.) depends on the energy of particles. The isotope constitution of the active layer will therefore be changing with the increase of distance from the surface. The shape of $A(h)$ function will also vary overtime as the result of varying lifetimes of formed radioisotopes. Identifying results of radiation measurements with a specified type of detector with the distribution of activity can be another possible source of misunderstanding.

Various forms of the distribution function [4—6] presented as the example on the Fig. 3 can be encountered according to technical potentialities and needs. In the wear investigations carried out in Poland the function of activity distribution in activated elements made out of ferrous alloys usually adopts the shape of a curve 1 on the Fig. 3, for the reason of using an accelerator of protones of the energy of particles not exceeding 10 MeV.

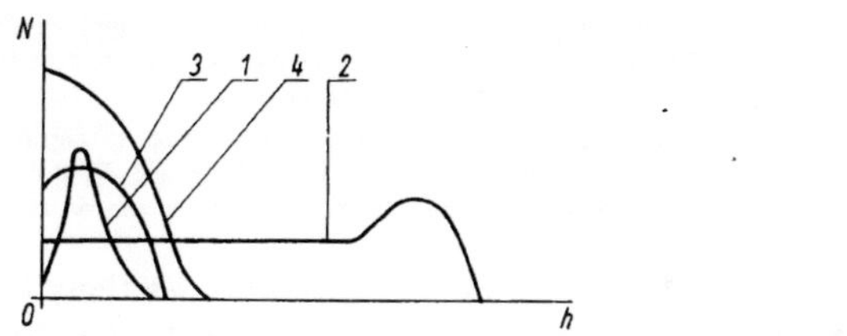

Fig. 3. Various distributions of specific activity is the upper layer of a metal-subject to the type and energy of a flux of charged particles:

1 — activation with protones of the energy of 9·8 MeV; 2 — activation with protones of the energy of 33 MeV; 3 — activation with deuterones of the energy of 18 MeV; 4 — activation with particles alfa of the energy of 28 MeV [4—6]. There is usually no data on the measurement technique and systems

It is necessary, as it was already mentioned, to take account of the shape of the real surface of activated objects. Deviations of this surface from the ideal geometrical surface are called irregularities. They are formed in course of the interactions in a dynamic system: Machine tool-machined objects — tool. Irregularities of the lowest ratio of distance of adjacent vertices to their height: roughness [3] is exerting the most powerful influence on a change of activity gradient on surfaces parallel to the geometrical generating surface (Fig. 4).

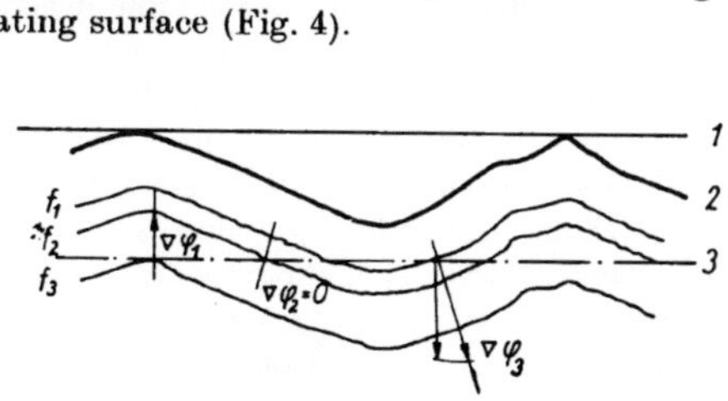

Fig. 4. Surface irregularities effect on the activity distribution in the upper layer of a metal object

1 — geometric surface of an object; 2 — real surface; 3 — surface parallel to the geometric surface; f_1, f_2, f_3 — equiscalar surfaces of activity; $\nabla\varphi_1$, $\nabla\varphi_2$, $\nabla\varphi_3$ — gradients of activity

The authors are of the opinion that the influence of structural defects (grain boundary, microcracs, dislocations, atoms of other elements etc.) in the upper layer on the energy losses in particles of the activating flux can be disregarded in practice, the surfaces connecting points of equal activity represent a real surface of the object (Fig. 4).

The described situation gives rise to the variations in specific activity of material simultaneously worn off in various parts of the object. The higher they are, the higher is the value of roughness of the activated surface. The example of an impact of the varying values of roughness on the differences in specific activity of the material positioned in the same depth from the geometrical surface of the object is shown in the Fig. 5.

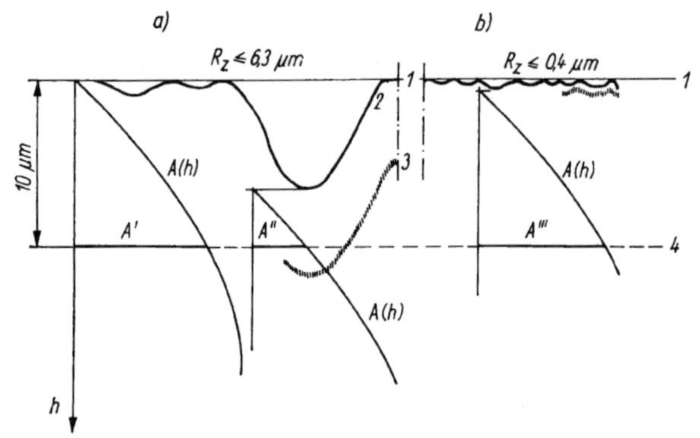

Fig. 5. Example of the effect of varying heights of surface irregularities on the value of activity in various places positioned at the same depth in relation to the geometric surface

1 – geometric surface; 2 – real surface; 3 – range of the cold work zone; 4 – assumed wear limit. a – ground surface R_z 3·2 – 6·3 μm, $A' \neq A''$; b – superfinished surface R_z 0·2 – 0·4 μm, $A' \approx A'''$

Making allowance for the presented relations becomes necessary in cases of investigating momentary effects of friction in the micro-areas of contact of friction surfaces, as well as in thorough investigation of the running-in process in precise elements.

2. Assemblying the labelled elements in the object and preparations to its operation

Correct carrying out of the activation procedures and proper protection of the activated element against corrosion can facilitate efficient fitting of the element in the assembly, even in the cases of a very close fit in the frictional couples of the clearance of: 0·5 to 1·0 μm.

In order to minimize time of the direct exposure to radiation of a fitting person and to avoid damaging elements, an effort should be made to train assembling before, with the use of non-active elements. An exemplary order and cleaness should be maintained on the assembly stand.

Correct fitting procedures have to resemble a course of surgery carried out by a team of the high class specialists.

The above remarks might seem cliché to all appearances, yet they are extremely important, as any deviation from the normal working conditions of the investigated parts, e.g. effected by the improper fitting (using extensive force, indentations, cracks, introducing impurities etc.) can totally alter the character of the couple's co-action and it can therefore raise doubts as to the usefulness of the whole process of investigation.

It happens very often that upon fitting, operational controlled variables of the object have to be adjusted on special stands. The initial phase of the couple's co-action is then lost for the purposes of investigation.

3. Collecting radioactive wear products of the examined elements in the course of object's operation

The concentration of radioactive wear products have been always used by the authors in their investigations, as the mass of the material of investigated precise element, worn off in the course of co-action is unusually small and its concentration in lubricating or working mediums is very low. They used magnetic filters, as the elements made out of ferrous alloys were usually investigated. Hydrocyclones or gap filters can also be employed if the wear products are present in fluid medium.

Direct measurements (continuous or discreet) of activity in the course of operation of the object is in some cases possible when the absorption in a construction of the object is not substantial e.g. activity measurements an activated element being worn off, yet considerable technical difficulties have to be accounted for as well as the negative effect of a measurement background on the investigation results.

4. Transformation of wear products and activity measurements

Collected wear products can be measured directly with the aid of sensitive devices ensuring a low measurement background (spectrometers of gamma rays, anticoincidential low background systems of beta rays) or, upon their liquefaction, in scintillation spectrometers – for liquid scintillators.

Good results of measurements were obtained in wear investigation of steel elements activated with the flux of protones (the p,n reaction) with the use of chemical extraction of cobalt produced in the result of the reaction and its activity measurement in the liquid scintillator with the aid of the LS 100C Beckman manufactured spectrometer.

5. Transformation and handling results of the measurements

Ionizing radiation intensity is a proabilistic variable. Therefore statistic measures have to be applied in carrying out the cycle of measurements.

The following elements have to be contained in the cycle of measurements in the instance of very low activity measurements in radioactive wear products of precise elements:
- selection of statistic measures and a method of their assessment,
- optimization of activity measurement time and background measurement time [7],
- determining a number of reiterating individual measurements,
- defining a criterion of estimation of the lowest measurable activity [8].

6. Determination of wear characretistics

A method presented here was applied to the wear investigation of precise elements frictional couple in a fluid (fuel) forcing-through system. A frictional pair included a steel roller mating with a steel cam; a part of the cam working surface, being a subject of the wear investigation, is shown on Fig. 6.

Two identical elements were investigated simultaneously on the test stand providing identical operating conditions. A mechanical system of this stand is shown on Fig. 7. Before mounting in the object, the working surfaces of cams were activated with a proton flux presenting the energy of 9,8 MeV applied at an angle of 45° to the surface. As a

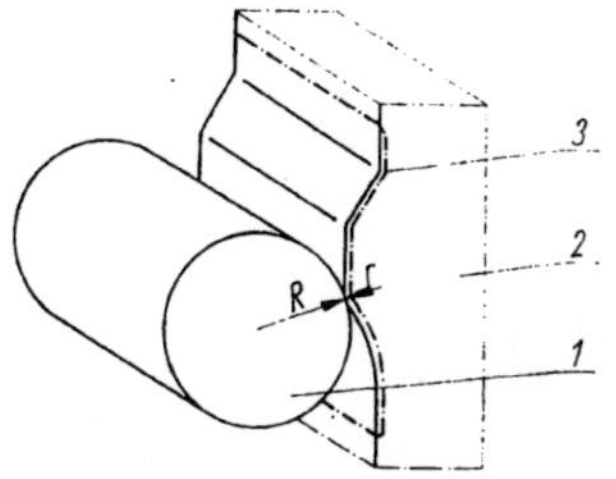

Fig. 6. Connection of friction of precise pair investigated
1 – roll; 2 – fragment of the cam; 3 – surface activated

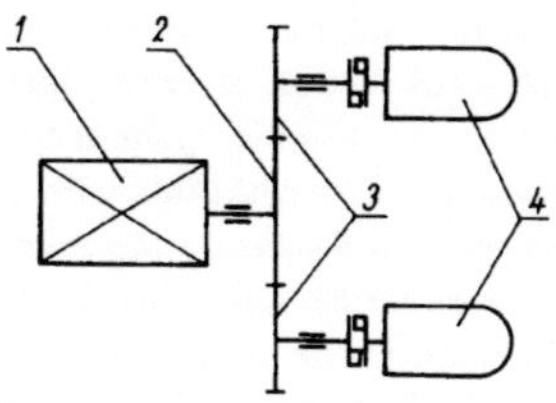

Fig. 7. System of power drive of two objects with cams investigated
1 – electric motor; 2 – idle wheel; 3 – gear wheels with equal number of teeth; 4 – objects investigated

result, the thickness of active layer of about 50 μm was obtained. In this case, it was not necessary to take into account the specific activity variations at different points on the surface caused by a surface roughness, because a surface roughness values was very low-comparing with active layer thickness a case shown on Fig. 5b. The changes of wear in time were measured in intervals of 100 operation hours; as a measure of the wear the activity values of the radioactive wear products settled in magnetic filters were taken. In these filters no less than 80% of the ferromagnetic wear products was settled.

Measurements of radioactivity wear products were made by low activity measuring head type UGB-2 "Polon" Poland manufactured.

The results of measurements are shown on Fig. 8 and 9 in the form of a mean values calculated from six repetitions for every point. At Fig. 8 the wear intensity for two cams versus a time is presented, whereas Fig. 9 shows the wear during a 1200 hours of the couple operation.

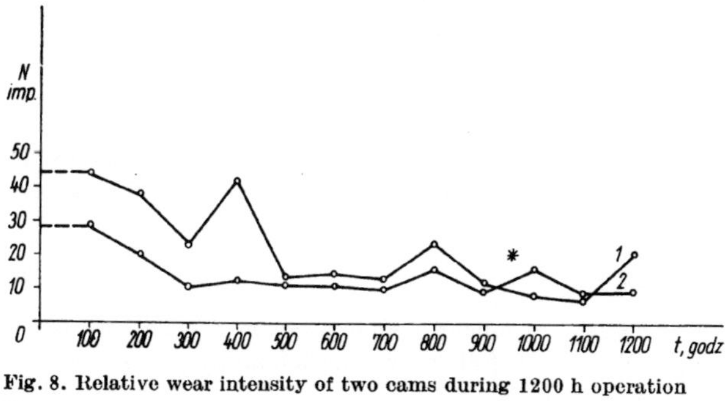

Fig. 8. Relative wear intensity of two cams during 1200 h operation
Measurement time of single sample amounted 100 s

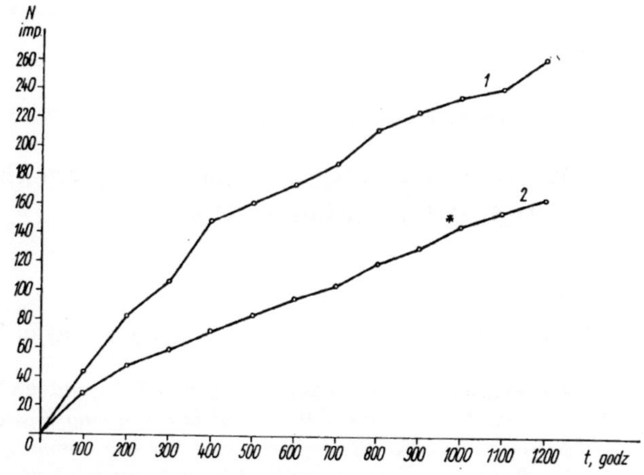

Fig. 9. Determining the course of relative wear of two cams
Remaining conditions as description below Fig. 8

Even very small linear wear of the cam working surface (less than 10^{-5} m) causes a significant change in a couple mating and a regulation of the system operation characteristics became necessery. Examination of a cam wear in time enables, among others, to establish some parameters which are of importance in practice. They are:

– a couple lapping time
– a periodic regulation time
– a couple life-time.

Analyse of the wear intensity changes with time (Fig. 8) forms a base for suggestion that the working surface wear changes in time may present a fluctuative character. Then, it would be necessary to assume a more complex wear model including not only a frictional wear. However, to frame a hypothesis like this it is obvious to accomplish additional experiments and examinations.

A wear curves at Fig. 9 allow to conclude the instability in a quality of the product.

Received February 23, 1983

References

[1] *J. Tymowski*, Technologia budowy maszyn (Technology of Machine Engineering). Warszawa: WNT 1972
[2] Surface Activation Technique in Industry (*in Russ.*), ed. by *W. J. Postnikov*. Moscow: Atomizdat 1975
[3] PN-73/M-04251. Struktura geometryczna powierzchni (Geometric Structure of Surface), (ISO/R 468-1966 Surface roughness)
[4] *P. Tendera, M. Kosinova, Z. Frinta*, Technique of Surface Activation with Loaded Elements in Wear Investigation. Materials nr 41 of the International Symposium on Application of Isotopes in Metallurgy, Hradec Kralove, Czechoslovakia, 1981
[5] *G. Friedlander, J. W. Kennedy, J. M. Miller*, Nuclear and Radiochemistry. J. Wiley and Sons 1964
[6] *A. Wołyński*, Metoda jednoczesnego badania przebiegu zużycia elementów składowych łożysk tocznych (Technique of the Simultaneous Investigation of a Course of Wear in Constituent Elements of Rolling Bearings) a doctoral dissertation, Poznań, 1980
[7] *A. Piątkowski, W. Scharf*, Elektroniczne mierniki promieniowania jonizującego (Electronic Meters of Ionizing Radiation). Warszawa: MON 1979
[8] *J. Komosiński*, Koncepcja definicji najniższej mierzalnej aktywności promieniowania jonizującego z uwzględnieniem radioaktywności tła. Postępy Techniki Jądrowej nr 25 (Conception of the Lowest Measurable Activity Definition in Ionizing Radiation with Allowance made for the Background Radioactivity). Warszawa 1981

Isotopenpraxis 20 (1984) 1, S. 16 bis 19

Tracer Study of Simultaneous Homogenization and Segregation in Industrial Equipments*)

L. Baranyai

(Institute of Isotopes of the Hungarian Academy of Sciences)[1]

The radioisotopic tracer technique is a wide-spread method for investigating homogenizing processes. During homogenization the homogeneity of the charge is decreasing according to exponential function in ideal situation, when there is no difference between the form, size and specific weight of granules. As these conditions in the practice generally are not fulfilled the equation is modified in different ways and by different experimental constants. The equation used by us is based on the supposition, that two simultaneous, contrasted processes take place in every homogenizer: the mixing and the segregation. The relative deviation of samples is the resultant of these processes. This function has a minimum value at a certain homogenization time, in case of longer homogenization gradually equilibrium value develops. The radioisotopic tracer techniques makes it possible to investigate these two processes independently from each other and to verify the above mentioned theory. Besides laboratorial experiments we carried out industrial investigations on such homogenizers, where the intensity of the segregation is not negligible.

Das Radiotracer-Verfahren ist eine weitverbreitete Methode zur Untersuchung von Homogenisierungsprozessen. Während der Homogenisierung unter idealen Bedingungen, d. h. wenn keine Unterschiede in Form, Größe und spezifischem Gewicht der Granula vorliegt, nimmt die Homogenität einer Charge exponentiell ab. Da solche Bedingungen in der Praxis im allgemeinen nicht vorkommen, wird die Gleichung auf verschiedene Weise und mit Hilfe verschiedener experimenteller Konstanten modifiziert. Die von uns verwendete Gleichung beruht auf der Voraussetzung, daß in jedem Homogenisator gleichzeitig zwei entgegengesetzte Prozesse ablaufen: Mischung und Segregation. Die relative Abweichung der Proben ist die Resultierende dieser Prozesse. Diese Funktion weist bei einer bestimmten Homogenisierungszeit einen Minimalwert auf, während sich bei längerdauernder Homogenisierung ein Gleichgewichtswert einstellt. Das Radiotracerverfahren ermöglicht es, diese beiden Prozesse unabhängig voneinander zu untersuchen und die obenerwähnte Theorie zu verifizieren. Neben Laborversuchen wurden industrielle Untersuchungen an solchen Homogenisierungsanlagen, bei denen die Intensität der Homogenisierung nicht vernachlässigt werden darf, durchgeführt.

Keywords

chemical industry; homogeneous mixtures; radioisotopes; tracer techniques

Introduction

Applying radioisotopic tracer technique we carried out homogenization investigations on laboratory-scale homogenizer operating by air blown in for determining the character of the homogenization process and its time function. Besides this, investigations on industrial homogenizers for determining the optimal operation parameters were also performed.

Theoretical

Periodically operated homogenizers and homogenization processes are generally investigated by the help of radioisotopic tracer technique. According to the wide-spread method one component or a little part of the charge is radioactively traced before homogenization and samples are taken from the charge in large number during the process, at different time-points. The homogeneity of the tested charge is characterized by the relative standard deviation of radioisotopic concentration of samples and the homogenizing process is characterized by the change of these relative deviations. During homogenization the homogeneity of the charge theoretically decreases according to the following exponential function [1–3]:

$$S_t/S_0 = e^{-At} \tag{1}$$

where S_t and S_0 are the relative standard deviations at t and 0 time points, A is a constant proportional to the intensity of mixing and t is the homogenization time. The equation is valid only in such an ideal situation when the motion of the grains independent from one another is not limited, there is no difference in form, size or specific gravity among the granules. As these conditions in the practice are generally not fulfilled the equation must be modified. *Klein* [4] has written the following type equation fitting the experimental data well:

$$S_t/S_0 = e^{-At+b} \tag{2}$$

where b in the exponent is an experimental constant. *Balla* [5] established the following equation on the basis of calculus of probabilities:

$$\frac{(S_t - S_\infty)^2}{(S_0 - S_\infty)^2} = e^{-At} \tag{3}$$

where S_∞ is the relative standard deviation at infinite time. The new coefficients in the modified equations — as b and S_∞ — take the fact into consideration, that the function approaches not zero, but a finite limited value.

*) Presented at the 2nd Working Meeting „Radioisotope Application and Radiation Processing in Industry", Leipzig, 28th September to 1st October 1982

[1]) H-1525 Budapest Pb. 77

In the opinion of *Rose* [6] and *Weydanz* [7] reaching the total homogeneous state is disturbed by the separation of the grains that is an opposite direction process taking place simultaneously with homogenization. *Rose* used the following equation characterizing the double process:

$$\frac{S_t}{S_0} = \eta\left\{1-\left[\frac{B}{A}+\frac{1}{2}\left(1-\frac{B}{A}\right)e^{-At}\right]^2\right\} \tag{4}$$

and *Weydanz* established the following equation:

$$\left(\frac{S_t}{S_0}\right)^2 = e^{-2At} + \left(\frac{S_\infty}{S_0}\right)^2 (1-e^{-BAt})^2 \tag{5}$$

where A is the coefficient of the intensity of mixing and B is the coefficient of the intensity of separation.

Laboratory experiments

We carried out experiments determining the character of homogenization process taking place in homogenizer operating with air blowing in. In the experiments a fluidization type homogenizer of 7000 cm³ cubic capacity, filled with dried plastic ion exchanger was used. One part of the charge — 700 cm³ ion exchanger — was traced with 37 MBq ^{65}Zn radioisotope. The grain-size of the traced layer was 120—160 µm while that of the charge was 6—800 µm. The big difference in grain-size between the layer and the charge was chosen for the reason to help the separation process. Homogenizations were carried out with different quantities of air blown in and the measured time functions are shown in Fig. 1.

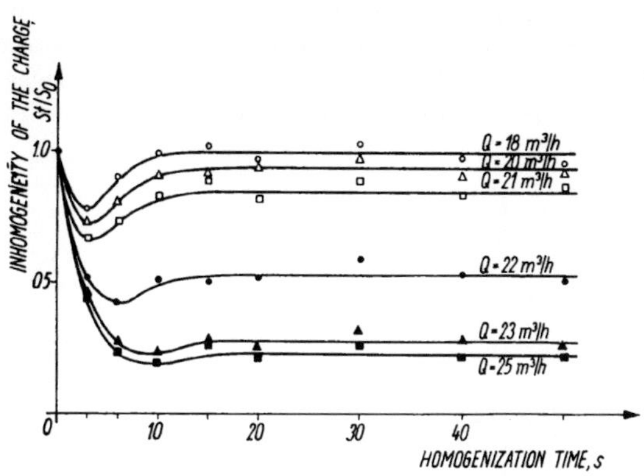

Fig. 1. Time-curves of the simultaneous homogenization and segregation

The main characteristic of the curves is that the inhomogeneity of the charge reaches a minimum value and ascending gradually keeps to a limited value. This limited value different according to the intensity of the air blown in: it is high if little air, and low if much air is blown in. The separation process is intensive with little air and may surpass the intensity of homogenization. In this case the charge is not homogenized well and the equipment operates as a separator.

The radioisotopic tracer technique makes it possible to separate the double process by tracing the same grain-size as that of the charge and to determine in this way a pure mixing process in the same homogenizer and with the same parameters.

The time-function of the pure homogenization is shown in Fig. 2.

On the basis of these curves, values of coefficient A belonging to different quantities of air were determined. By the help of values A, coefficients B were estimated on the basis of Eq. (5). In Fig. 3 curves of the fifth theoretical function calculated with these A and B values are shown.

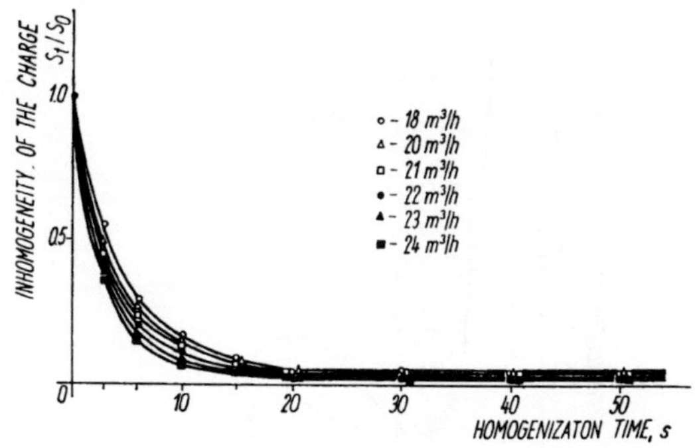

Fig. 2. Time-curves of the pure homogenization

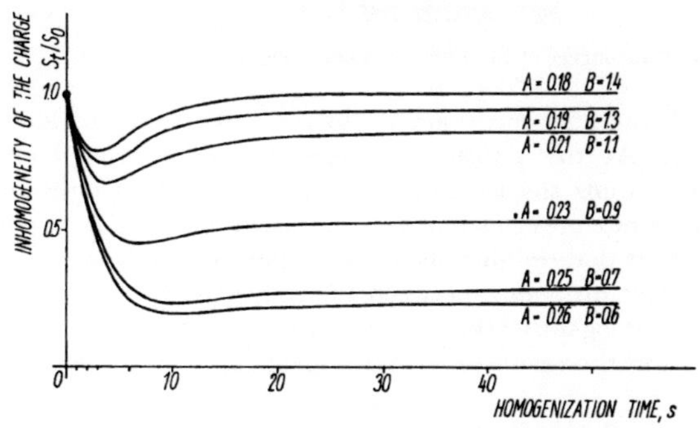

Fig. 3. Theoretical time-functions of the simultaneous processes

Our laboratory experiments justified the theory of the double process: simultaneous homogenization and separation. This is characteristic not only of fluidization type mixing but any type of homogenization, although the efficiency of separation may be stronger here.

Industrial investigations

Fluidization-type homogenizers are applied in the cement industry where these equipments homogenize 3—4000 t of crude cement material in one charge. There are different types of these industrial homogenizers which differ from one another in air blowing systems. Two types of them were investigated by us. In the Fuller homogenizer there is a slight air-blowing in three sectors holding the charge in fluidization and a strong air-blowing in the fourth sector to mix it. In the Polysius homogenizer two sectors are blown simultaneously facing one another and there is no air-blowing in the rest. In each type of homogenizers the blown sectors are exchanged with determined frequency in order to achieve intensive mixing efficiency.

According to our testing method [8] one chosen fraction of raw cement was radioactively traced by the help of adsorption with 10 GBq ^{198}Au radioisotope in colloid form. The traced fraction was fed into the middle of the charge in the homogenizer and several homogenization processes were carried out with different parameters — as intensity of air blowing in, homogenization time and frequency of changing the intensively blown sectors. After homogenizations sample were taken from all the layers of the charge during outlet, their radioactive concentration was determined in *Marinelli* arrangement by scintillation measuring equipment. The mass of samples was 3000 g each. In the *Fuller* homogenizer three different fractions were investigated: 5—10 µm grain-size clay, 10—40 µm grain-size roasted pyrite and 95—125 µm grain-size limestone. The

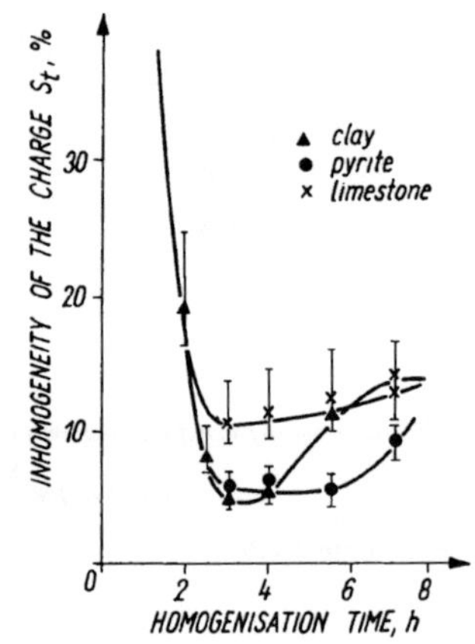

Fig. 4. Time-curves of the Fuller homogenizer

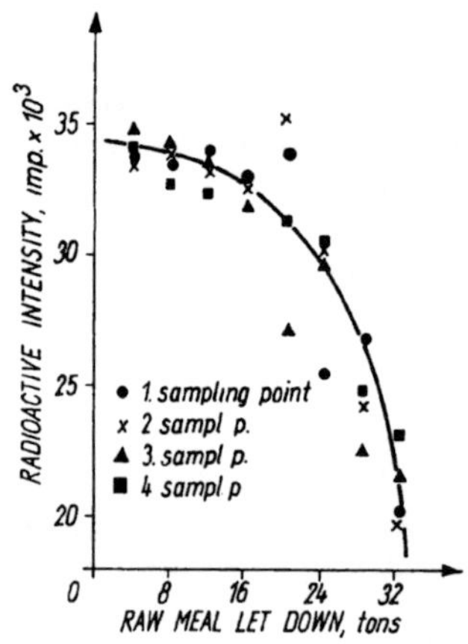

Fig. 6. Effect of the segregation on the radioactive concentrations of layers

traced fractions corresponded to the three components of cement. At the *Polysius* homogenizer we restricted our investigations the behaviour of the fine fraction only because in our previous analyses it turned out that from the respect of determining the optimal parameters there is no significant difference between the fractions. In the case of *Fuller* homogenizer the measured time curves are shown in Fig. 4., in the case of *Polysius* homogenizer in Fig. 5.

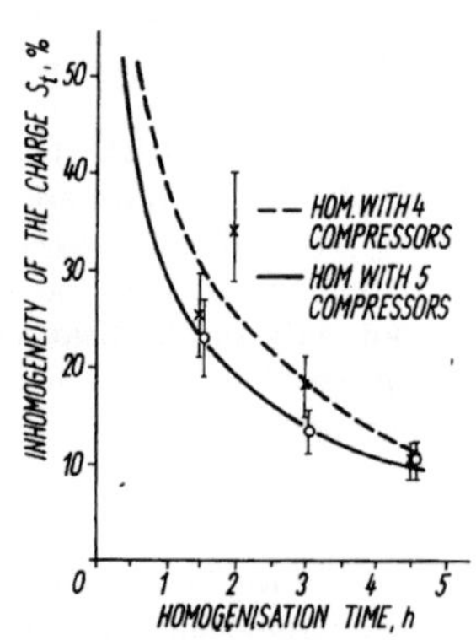

Fig. 5. Time-curves of the Polysous homogenizer

At *Fuller* homogenizer the minimum value of the curve characterizing the separation process can be seen well while at the *Polysius* homogenizer it can't be estimated from the point of separation, because there was no possibility to measure longer homogenization times due to operating considerations. According to the technological prescriptions the homogenization time would be 1·5 h but on the basis of our measured values at least 3 h would be required to achieve the prescribed 10—12% relative deviation. At the *Fuller* homogenizer the prescribed 4 h homogenization time could be reduced to 3 h. The segregation of the charge can be pointed out not only through the increase of relative standard deviations but also through the change of the radioactive concentration of the samples taken during the outlet. In case the fine fraction is traced the concentration of the surface layers is higher, if the raw fraction is traced the concentration of the lower layers is higher. To illustrate the phenomenon in the case of tracing the raw fraction the radioactive concentrations of samples taken during the outlet are shown in the function of outlet time in Fig. 6.

According to the curve the samples taken at the beginning of the outlet from the lower layers are richer in radioactive grains than the ones taken later from the upper layers.

Investigating the effect of change frequency of air blown in we stated, that in the case of 45 min changing frequency the relative deviation was 4·9%, in the case of 15 min changing frequency it was 4·6%, there was no significant difference between them. It means, that the efficiency of homogenization is independent of this parameter.

The intensity of the air blown in has significant effect on the homogenization process: if more air is blown in the efficiency of homogenization grows. The more intensive blowing increases the value of coefficient A and decreases the value of coefficient B in Eq. (5). We experienced at both types of homogenizers, that switching in one more compressor — the quantity of air blown in increased from 200 m³/min to 250 m³/min value —the inhomogeneity of the charge decreased from 18% to 13% relative deviation.

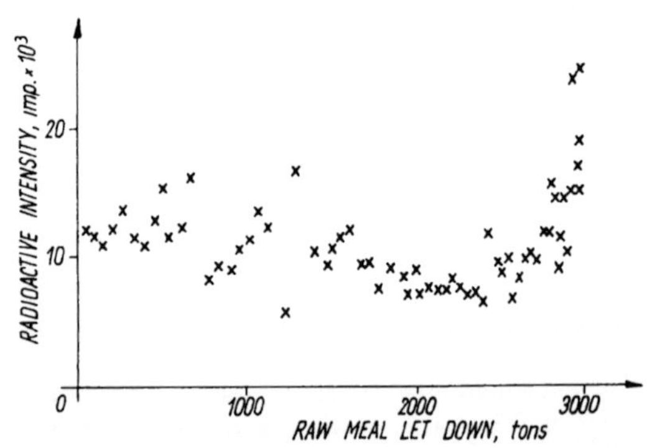

Fig. 7. Radioactive concentrations of layers by technical descriptions

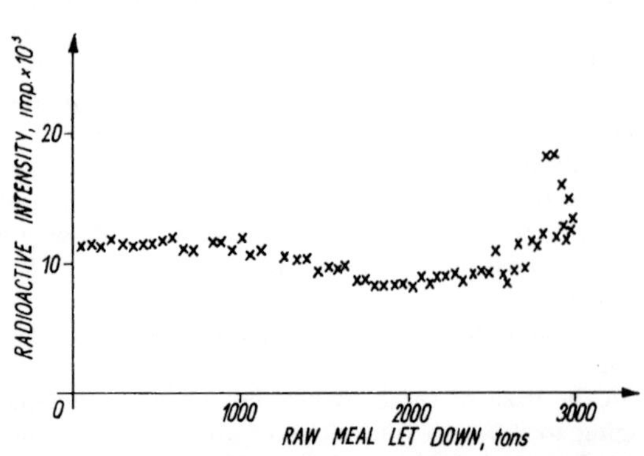

Fig. 8. Radioactive concentrations of layers by optimal parameters

The investigation carried out with radioisotopes is also suitable for demonstrating operation irregularities, proving dead places, determining the extent and place of them. Such a dead place was found during the investigation of *Polysius* homogenizer. To illustrate the phenomenon the radioactive concentration of samples taken during the outlet is shown in the function of outlet time in Fig. 7 and Fig. 8.

The first curve is the result of homogenization carried out with the prescribed technological parameters, the second curve is the result of homogenization carried out with the parameters found the best during radioactive investigation. Above the considerable improvement it is remarkable that the high concentration values at the tile of the curve relate to the presence of dead place. The extension of this dead place — on the basis of this curve — can be estimated at 5—600 t of raw cement.

Received February 15, 1983
Accepted in revised form April 21, 1983

References

[1] *A. Brothman* et al., Chem. Metall. Engng. 52 (1945) 102
[2] *J. M. Coulson* et al., J. Imp. Coll. Chem. Engng. Soc. 4 (1948) 135
[3] *C. Lacey*, Appl. Chem. 4 (1954) 257
[4] *H. Klein*, Zement — Kali — Gips 9 (1962) 399
[5] *B. Balla* et al., Szemcsés anyagok homogenizálásának elméleti alapjai. Radioaktiv izotópok a tudományos kutatásban Szimpózium, Budapest, 1969
[6] *E. Rose*, Chemie-Ing.-Techn. 3 (1959) 192
[7] *W. Weydanz*, Chemie-Ing. Techn. 5 (1960) 343
[8] *L. Baranyai*, A nyersliszt-homogenizálás paramctereinek vizsg. radioaktiv nyomjelzéssel. MTA Izotóp Intézete, jelentés, 1977

Isotopenpraxis 20 (1984) 1, S. 19 bis 23

Laboruntersuchungen zur Gewinnung eines Americiumkonzentrates aus PUREX-Raffinatlösung

W. Heyne

(Zentralinstitut für Kernforschung der Akademie der Wissenschaften der DDR, Rossendorf)[1])

Nach den Ergebnissen von Verteilungsmessungen wird ein Verfahren zur Gewinnung eines Americiumkonzentrats aus PUREX-Abfallösung konzipiert. Das Verfahren besteht aus den Schritten: 1. Präparation einer Speiselösung, 2. Extraktion einer Lanthanoiden-Actinoidenfraktion mit 50%igem TBP-Magnesiumnitrat und 3. Rückextraktion eines Americiumkonzentrats mittels DTPA als Komplexbildner. Das Verfahren wird in einer Laborapparatur mit einem Durchsatz von 1 l/h getracerter Modellösung erprobt. Es wird eine Actinoiden-/Lanthanoidentrennung erhalten, die gute Voraussetzungen für eine anschließende chromatographische Feinreinigung bietet. Der Radiolyseeinfluß wird untersucht.

From the results of distribution measurements a process for the recovery of an Am concentrate from PUREX waste solution is derived. The process consists of the following stages: 1. Feed-preparation 2. extraction of a lanthanoide-actinoide fraction by means of TBP-magnesium nitrate system and 3. reextraction of an Am concentrate with DTPA as complexing agent. The process is tested in a laboratory-scale apparature at a flow-rate of 1 l/h simulated waste solution. A lanthanoide/actinoide separation is obtained, which gives good condition for subsequent chromatographic final separation The influence of radiolytic degratation is also studied.

Keywords

americium; DTPA; mixer-settlers; rare earths; separation processes; solvent extraction; TBP; transuranium elements

1. Einleitung

In einer vorangegangenen Arbeit [1] berichteten wir über Verteilungsmessungen im System Tributylphosphat (TBP)/ Salpetersäure-Diethylentriaminpentaessigsäure(DTPA).
Der hier vorliegende Beitrag stellt sich die Aufgabe, die erhaltenen experimentellen Ergebnisse in den Maßstab eines Laborverfahrens zu übertragen. Einen weiteren Zweck der Arbeit sehen wir darin, auf dem Gebiet der Gewinnung und Trennung der volkswirtschaftlich immer bedeutsameren Seltenen Erden aus natürlichen Rohstoffen, bei der ähnliche Verfahren zur Anwendung kommen, methodischen Vorlauf zu erarbeiten. Die industriellen Verfahren zur Trennung und Reingewinnung von Seltenerdverbindungen werden gegenwärtig fast ausschließlich durch Flüssig-flüssig-Extraktion in Mixer-Settler-Extraktoren durchgeführt, wobei für eine einzelne Trennaufgabe teilweise bis zu 100 Trenneinheiten eingesetzt werden müssen [2].

Verfahren zur Gewinnung der Actinoidenelemente Americium und Curcium beinhalten entweder die Aufarbeitung spezieller Bestrahlungstargets [3] oder gehen von den bei der Reinigung von Lagerplutonium anfallenden Lösungen aus [4]. Als Ausgangsmaterial kommen aber auch die Abfallösungen aus der Kernbrennstoffwiederaufarbeitung nach dem PUREX-Verfahren in Frage [5 ... 8], und zwar insbesondere dann, wenn im Ergebnis einer mehrmaligen Rezyklierung des Brennstoffs die Gehalte an diesen Elementen bedeutend angestiegen sind. So enthält z.B. eine Tonne Schwermetall (U + Pu) nach zwei Zyklen 774 g Am und 524 g Cm [9].

Zur Abtrennung wurden sowohl Fällungsverfahren [10] als auch Ionenaustausch- [6] und Extraktionsverfahren [3, 7, 8, 10] entwickelt, die jeweils mit spezifischen Vor- und Nachteilen behaftet sind. Aus der umfangreichen Literatur

[1]) Anschrift: 8051 Dresden, PSF 19

sollen noch einige Übersichtsarbeiten angeführt werden [5, 11 ... 15]. Unser Verfahren soll von einer aufkonzentrierten PUREX-Raffinatlösung ausgehen (Konzentration 1 t SM/333 l) und folgenden Forderungen genügen:

1) ausreichend hohe Dekontaminationsfaktoren zwischen den Actinoidenelementen und den Lanthanoidenelementen sowie den übrigen Spalt- und Korrosionsprodukten, so daß eine anschließende Am—Cm-Feinreinigung erleichtert wird.
2) Verträglichkeit mit dem PUREX-Prozeß, d. h., außer TBP soll kein anderes Extraktionsmittel verwendet werden.
3) möglichst geringe Beeinträchtigung anderer evtl. nachfolgender Abtrennschritte für weitere Inhaltsstoffe der Raffinatlösung, d. h. möglichst geringe Zusätze von Fremdsalzen und Komplexbildnern in der Hauptprozeßlinie.

2. Experimenteller Teil

Die verwendeten Chemikalien und Analysenverfahren sind in [1] angegeben. Im Unterschied zu der dort beschriebenen Modellösung enthielt die für die technologischen Versuche eingesetzte Lösung jedoch je 0,1 Mol/l Mo und Zr, die Salpetersäurekonzentration betrug 3 Mol/l.

Für die Gegenstromextraktionsversuche verwendeten wir einen in unserem Institut entwickelten Mixer-Settler-Extraktor aus Edelstahl, Glas und PTFE, der eine visuelle Phasengrenzkontrolle ermöglicht. Er besteht aus zwölf mechanisch gerührten Mischkammern und ebensovielen gleichgroßen Absetzkammern (Gesamtvolumen 24 × 12,5 ml = 300 ml), der maximale Durchsatz beträgt 1 l/h für beide Phasen. Mit Dosierpumpen der Firma Metering Pumps Limited, London, erreichten wir eine Dosiergenauigkeit von ±5 ... 10%.

Die analytische Bestimmung erfolgte γ-spektrometrisch (Tracer-messung) nach Probennahme aus den Absetzkammern. Die Versuchsdauer nach dem Ende des Füllvorgangs betrug eine Stunde, was einen Kompromiß zwischen Chemikalieneinsatz und Relevanz der Ergebnisse darstellt. Langzeitversuche mit vereinfachten Modellösungen ergaben eine Einstellzeit für das stationäre Gleichgewicht von ca. 30 Minuten.

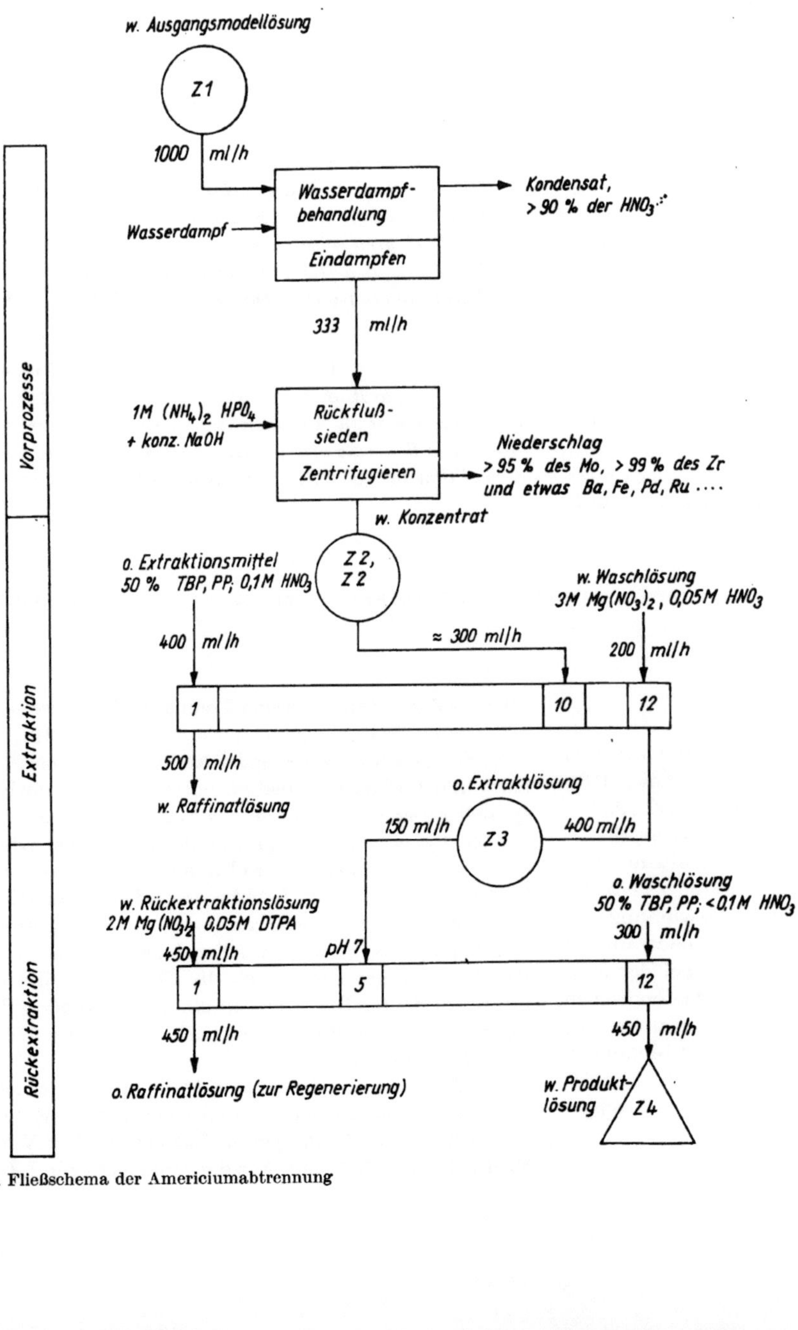

Abb. 1. Fließschema der Americiumabtrennung

Mitteilungen / Information

NEUER GOUVERNEURSRAT DER IAEA FUER 1983/84

Der neukonstituierte 34koepfige Gouverneursrat waehlte am 17.10.83 den Vertreter von Mexiko, Botschafter Roberto Rosenzweig-Diaz, zum Vorsitzenden fuer 1983/84. Stellvertretende Vorsitzende sind: Andre ERNEMANN (Belgien) und Ivan PANDEV (Bulgarien).
Auf der 27. ordentlichen Tagung der Generalkonferenz, die am 14. Oktober zu Ende ging, wurden folgende 11 Staaten auf eine 2jaehrige Amtszeit in den Gouverneursrat gewaehlt: Chile, Irak, Italien, Jugoslawien, Kuba, Nigeria, Oesterreich, Philippinen, Syrien, Tunesien und Ungarn. (IAEA-Pressekommunique 83/24)

Kurznachrichten / Newlets

Krebsrisiko:
CANCER MORTALITY AMONG BNFL WORKERS

Studies by British Nuclear Fuels Limited show that there is no greater incidence of cancer among workers at its reprocessing site at Sellafield in Cumbria than in the population at large. BNFL is engaged upon a major epidemiological survey of deaths among the workforce at its sites since nuclear operations began there in the late 1940s. The objective is to determine whether any effect due to radiation exposure can be identified.
Mortality data for employees and pensioners has always been collected. Collection of data for ex-workers began in 1976 with a pilot experimental schema for Sellafield and was extended two years later to cover all BNFL sites. Sellafield, the Company's biggest site with the highest level of radiation exposures, continues to be given priority in both data collection and its analysis.
The study for Sellafield covers some 11 500 male workers and ex-workers over a 32 year period with over 1600 deaths identified - more than twothirds of these being among exworkers. The latest results show that, taking account of statistical uncertainties:
The total number of deaths from cancer (400) is slightly lower than that which might be expected (454) among such a group on the basis of national figures. The same is true of deaths from other causes.
The small number of deaths (14) from the diseases of leukaemia, bone and thyroid cancers and multiple myeloma, which are regarded as particularly susceptible to radiation, is consistent with expectation (16.8).
There is no significant difference in such comparisons as between those classified as radiation workers and the rest of the workforce apart from a suggestion that the latter may have a slightly higher mortality rate then radiation workers. (Atom (1983) 324, p. 229)

Kritikalitaet und Sicherheit:
CRITICALITY SAFETY

When a sufficient quantity of fissile material is brought together a self-sustaining neutron chain reaction will be started in it and will continue until some change occurs in the fissile material to stop the chain reaction. The quantity of fissile material required is the 'Critical Mass'. This is not a fixed quantity even for a given type of fissile material but varies between quite wide limits depending on a number of factors to be enumerated in this article.
A system is just critical when the of production of neutrons balances the rate of loss either by escape or by absorption. The factors affecting criticality are, therefore, those which affect neutron production and loss. The principal ones are:
Type of Nuclide and Enrichment (or Isotopic Composition)
Moderation
Reflection
Concentration (Density)
Shape
Interaction
The above list is not arranged in any order of 'merit' and the various factors are not always independent. Thus, adding water to a uranium solution will change both the moderation and the uranium concentration. We now consider each of these factors in a little more detail.
The fissile materials with which we are chiefly concerned at the present time are U-235 and Pu-239. The plutonium isotope Pu-241 is also fissile and is becoming more important as a component of plutonium from high-burn up fuels. The U-233 isotope, although fissile, is not handled in significant quantities but will become important if reactors based on the thorium fuel cycle are developed on a commercial scale.
Uranium occurs in nature as substantially a mixture of U-238 & U-235 of which the latter constitutes some 0.72 per cent wt. Uranium in which the proportion of U-235 has been increased (eg by gaseous diffusion) is said to be enriched and the amount of U-235 in the total uranium referred to as the enrichment (usually in terms of per cent by weight).
Plutonium does not occur in nature and the isotope initially produced by neutron irradiation is Pu-239. Further exposure to neutrons in a reactor leads to the production of the higher isotopes, some of which are fissionable only by high energy neutrons. In one sense, therefore, this is the reverse of enrichment.
(nach: G. Walker; Atom (1983) 323, p.196)

Strahlenexposition:
RADON: 18 ZIGARETTEN PRO JAHR

Nach einer Untersuchung der Kernforschungsanlage Juelich (KFA) in Wohnungen von Mitarbeitern entsprach die durchschnittl. gesundheitliche Belastung durch Radon in den Wohnraeumen etwa der Belastung durch das Rauchen von 18 Zigaretten pro Jahr. Radon (Rn-222) ist ein natuerliches radioaktives Gas der Zerfallsreihe des Uran-238. Seine Muttersubstanz ist das Radium (Ra-226), das sich in immer staerkerem Masse in Baustoffen befindet, bei deren Herstellung Abfallprodukte anderer Industriezweige beigefuegt werden. Neben den Messungen in den Wohnungen wurde der Radongehalt auch im Freien bestimmt, wo er deutlich niedriger lag. Das Lueftungsverhalten in den Wohnungen kann die Radon-Konzentration bis zu einem Faktor 2-3 beeinflussen.
(Atomwirtschaft (1983) 10, K+U IV)

Tieftemperaturphysik:
JUELICH VERLOR TIEFTEMPERATUR-WELTREKORD

Wie vor kurzem von der Universitaet Tokio bekanntgegeben wurde, haben japanische Wissenschaftler d. Rekord bei der Erzeugung d. tiefsten Temperatur gebrochen und sich dem absoluten Nullpunkt von 0 Kelvin (entspricht ca. -273,15 Grad C)bis auf 0,000030 Grad genaehert. Den bisherigen Rekord hielten Physiker des Instituts fuer Festkoerperforschung der Kernforschungsanlage Juelich (KFA) mit 0,000038 Grad seit Dezember 1979.
(Atomwirtschaft (1983) 10, K+U IV)

Strahlenschutz:
HUSTENTEE UND STRAHLENSCHUTZ

In einem Kernforschungszentrum werden nicht nur Strahlungen am Arbeitsplatz und in der Umgebung ueberwacht, sondern auch radiooekologische Forschungsarbeiten durchgefuehrt, die zum Teil ueberraschende Ergebnisse zutage foerdern. Im Jahresbericht der Hauptabteilung Sicherheit des Kernforschungszentrums Karlsruhe wird z.B. vermerkt, dass durch die Entwicklung hochempfindlicher Messverfahren in einem gaengigen

Hustentee - Islaendisch Moos - soviel natuerliches radioaktives Blei-210 und Polonium-210 gefunden wurde, dass der Genuss einer Tasse Tee taeglich zu einer Ueberschreitung des in der Strahlenschutzverordnung angegebenen Jahresgrenzwertes fuer d. Aktivitaetszufuhr durch Wasser u. Nahrung fuehren wuerde. Vorausgesetzt ist d. vollstaendige Loeslichkeit bei der Teezubereitung u. die Anwendbarkeit der Strahlenschutzverordnung auf diesen Fall. Es wird darauf hingewiesen, dass aehnliche Beispiele fuer eine ganze Reihe von Nahrungsmitteln und Getraenken aufgefuehrt werden koennen. Dies bedeute jedoch keine Gefaehrdung durch diese Lebensmittel, sondern veranschauliche die bei d. Strahlenschutzgesetzgebung waltende extreme Vorsicht. (Atomwirtschaft (1983) 10, K+U III)

Elementarteilchenphysik:
ERSTER SPATENSTICH FUER LEP

Der erste Spatenstich fuer den neuen grossen Elektron-Positron-Beschleuniger LEP (Large Electron Positron project), der bei Genf in einem unter franzoesischem und schweizerischem Staatsgebiet verlaufenden Tunnel errichtet wird, erfolgte am 13.9.83. Der franzoesische Staatspraesident F. Mitterrand und der Schweizer Praesident P. Aubert befestigten in Anwesenheit des Generaldirektors des Europaeischen Laboratoriums fuer Elementarteilchenphysik CERN, Prof. Dr. H. Schopper, eine Erinnerungsplakette auf einem Behaelter, in dem sich eine Dokumentation des heutigen Wissensstandes in der Elementarteilchenphysik befindet. (Atomwirtschaft (1983) 10, S. 504)

Strahlenrisiko:
VIELE BESUCHER BEI TMI

Das Kernkraftwerk Three Mile Island verzeichnete nach dem Stoerfall im Maerz 1979 einen wachsenden Besucherstrom. Insgesamt haben seither mehr als 250000 Menschen das Werk besucht, gegenueber etwa 150 000, die in den neun Jahren vor dem Stoerfall kamen. Mehr als 20000 Personen haben an einem vom Eigentuemer durchgefuehrten Rundgang teilgenommen. Nur noch etwa ein Drittel von TMI-2 ist wegen d. radioaktiven Kontamination gesperrt. Seit Mai 1982 werden auch Bustouren durch die Anlage veranstaltet, an denen bisher ca. 5000 Personen teilnahmen. (Atomwirtschaft (1983) 10, S. 481)

Deuterierung:
BASEINDUZIERTE ISOMERISIERUNGEN VON CYCLOALKENINEN IN KONKURRENZ ZU ADDITIONSREAKTIONEN

Die kuerzlich erschlossene Substanzklasse von Cycloalkeninen bietet fuer die Umsetzung mit Basen ein interessantes Feld. Neben der Isomerisierung zu cyclischen Allenen ist bei Basen wie Alkyllithiumverbindungen mit Additionen zu rechnen; ausschlaggebend fuer die praeparative Verwendung ist dabei die Regioselektivitaet. Zur Aufklaerung des Reaktionsablaufs bewaehrt sich die Einfuehrung von Deuterium. (nach: J. Zountsas et. al.; Angew. Chem. 95 (1983) 638)

Selektive Reduktion:
KOMPLEXE REDUKTIONSMITTEL (CRAs)- VIELFAELTIGE NEUE ANWENDUNGSMOEGLICHKEITEN FUER NATRIUMHYDRID IN DER ORGANISCHEN SYNTHESE

Warum wird Natriumhydrid, das einfachste und zugleich billigste Reduktionsmittel, in der organischen Chemie kaum verwendet? Die Antwort lautet stets: "Weil es zu basisch ist". Mit Natriumalkoholaten und Metallsalzen gelang es nun, die Basizitaet wirksam abzuschwaechen: Durch Entwicklung der "Komplexen Reduktionsmittel" (Complex Reducing Agents, CRAs). Die CRAs (symbolisiert durch NaH-RONa-MXn) ermoeglichen die selektive Reduktion von organischen Halogeniden sowie von Alkenen, Alkinen und Ketonen. Bei Verwendung spezieller Metallsalze lassen sich hochregioselektive 1,2- und 1,4-Reduktionen α,β-ungesaettigter Ketone durchfuehren. Modifizierte CRAs eignen sich als Hydrosilylierungsreagentien, als nicht pyrophore Katalysatoren f. heterogene Hydrierungen, als Kupplungsreagentien fuer Aryl- und Vinylhalogenide sowie fuer die Carbonylierung organischer Halogenide unter sehr milden Bedingungen. Neben all diesen neuen praeparativen Methoden werden phasentransferkatalysierte, photostimulierte Carbonylierungen sowie $S_{RN}1$-Reaktionen mit Metallaten beschrieben. - Ausgehend von Natriumhydrid sind somit viele neue Reagentien zugaenglich geworden. (nach: P. Caubère; Angew. Chem. 95 (1983) 597)

Strahlenrisiko:
TOEDLICHER UNFALL IN EINEM ARGENTINISCHEN FORSCHUNGSREAKTOR

In Argentinien ist ein Techniker des Forschungszentrums Constiturientes an einer Strahlendosis von rund 2000 rem gestorben. Der Unfall ereignete sich in dem von Argentinien selbst gebauten Swimming-Pool-Forschungsreaktor RA-2. Am Nachmittag des 23. 9. wechselte der Techniker trotz gefluteten Reaktorbeckens Brennelemente. Die dabei eingetretene prompte Kritikalitaet fuehrte zu der toedlichen Strahlendosis, an der der Verunfallte nach 1 1/2 Tagen gestorben ist. Es sei hier deutlich betont, dass sich d. Unfall in einem Forschungsreaktor, und nicht in einem Kernkraftwerk ereignet hat, wie manche Presseagenturen faelschlicherweise berichteten. Tatsaechlich hat es bis jetzt lt. IAEA in kommerziellen Kernkraftwerken noch nie Unfaelle mit toedlichem Ausgang durch Strahlenwirkung gegeben. (SVA-Bulletin (1983) 17, S. 11)

Kernenergie:
THTR KRITISCH

Der Thorium-Hochtemperaturreaktor-Prototyp THTR 300 in Hamm-Uentrop (BRD) wurde am 13.9. 1983 erstmals kritisch. Man rechnet damit, dass die zweite Teilbetriebsgenehmigung f. dieses Kernkraftwerk Mitte 1984 erteilt wird. Danach sind die ersten Leistungsversuche vorgesehen. Den kommerziellen Betrieb soll der THTR-Block im Herbst 1985 aufnehmen. Fuer die erste kontrollierte Kernspaltung war der Reaktor mit rund 200000 kugelfoermigen Brennelementen beladen worden. (SVA-Bulletin (1983) 17, S. 8)

Kernkraftwerke:
FRANKREICH: NUKLEARANTEIL 60%

Im August 1983 erreichte der Nuklearanteil an der franzoesischen Elektrizitaetsproduktion die Rekordhoehe von 60%. Nur einen Monat vorher setzten die Kernkraftwerke Frankreichs mit 52% eine historische Marke, indem erstmals der Atomstromanteil eines Landes 50% ueberstieg. Seit Jahresbeginn bis Ende August bestritten die Kernkraftwerke 46% der Nettostromproduktion der Electricite de France (EDF). Entsprechend der Zunahme des Nuklearanteils konnte die EDF den Beitrag der klassisch-thermischen Kraftwerke vermindern. (SVA-Bulletin (1983) 16, S. 11)

Strahlenexposition:
SIND KLEINE BESTRAHLUNGSDOSEN GESUND?

Wurden zahlreiche Hinweise auf eine stimulierende, gesundheitsfoerdernde Wirkung gewisser - kleiner - Bestrahlungsdosen von ihren Entdeckern in der Vergangenheit aus Skepsis und Vorsicht systematisch unterschlagen? Diese Frage wird im Artikel von R.J. Hickey et al.: "Radiation Hormesis, Public Health, and Public Policy: A Commentary", Health Physics 44 (1983) 207, bejaht. Nach dieser Arbeit steht die im heutigen Strahlenschutz vorsichtigerweise getroffene Annahme, jede noch so kleine zusaetzliche Strahlendosis sei als der Gesundheit abtraeglich anzusehen, im Widerspruch zu beobachteten Daten. Unter Verweis auf ein reiches Beobachtungsmaterial vertreten die Autoren den Standpunkt, die Vorsicht der Forscher sei bisher der Auf-

klaerung der gesundheitsfoerdernden Wirkung kleiner Bestrahlungsdosen hinderlich gewesen, da entsprechende Hinweise in der Vergangenheit weitgehend systematisch als unzuverlaessig verworfen worden seien.
(SVA-Bulletin (1983) 15, S. 13)

Nuklearmedizin:
JAPAN: BAUBEGINN BEI NEUEM ZENTRUM FUER RADIOMEDIZIN

Die Japanische Gesellschaft fuer Radioisotope (JRIA) laesst in Takisawa ein neues Zentrum fuer Radiomedizin (RMC) erstellen; 1986 sollte die Eroeffnung stattfinden. Im RMC werden Forschungen zur Verwendung von Radioisotopen in der Medizin im Zentrum stehen, wobei man sich auf eine RMC-eigene Anlage zur Produktion von Radiopharmaka wird stuetzen koennen. Spaeter sollen noch ein Labor fuer Nuklearmedizin und ein Zyklotron gebaut werden, dessen Produktion von Radioisotopen in einem Krankenhaus an Ort und Stelle Verwendung finden wird. Die zunehmende Anwendung sehr kurzlebiger Radioisotope in der Radiomedizin macht einen Versand an aussenstehende Krankenhaeuser unmoeglich. Im Idealfall werden kurzlebige Isotope deshalb in Zyklotron-Bestrahlungsanlagen im Spital selbst produziert. (SVA-Bulletin (1983) 15, S. 12)

Wiederaufarbeitung:
FAST 700 T LWR-BRENNSTOFF IN LA HAGUE WIEDERAUFGEARBEITET

Ende Juni 1983 ging in der franzoesischen Wiederaufarbeitungsanlage La Hague eine weitere Kampagne zur Wiederaufarbeitung von Brennelementen aus Leichtwasserreaktoren (LWR) zu Ende. Sie wurde von der Compagnie generale des matieres nucleaires (Cogema) als sehr erfolgreich bezeichnet. In weniger als sechs Monaten, naemlich vom 2. Januar bis zum 26. Juni, wurden 185 t Brennstoff aufgearbeitet. Damit hat die Gesamtsumme der in La Hague bisher wiederaufgearbeiteten LWR-Brennelemente 695 t erreicht (SVA-Bulletin (1983) 14, S. 8)

Veröffentlichungen / Publications

TRACE ELEMENT-ANALYTICAL CHEMISTRY IN MEDICINE AND BIOLOGY, VOL. 2
de Gruyter, Berlin (W) and New York, 1983

Among other papers:
The depth distribution of fluoride in surface enamel: electron spectroscopic investigations - p. 1009-1023; 23 ref. - H. Uchtmann, H. Duschner (Marburg)

URANIUM EXTRACTION TECHNOLOGY
OECD Publications Office, Paris 1983, 270 pp. 36 fig.

This OECD Nuclear Energy Agency (NEA) report describes technologies that are being developed to increase uranium recoveries, reduce the environmental impact of ore processing operations and cut production costs. It will be of interest to a wide readership, incl. students of chemical engineering and metallurgy, oreprocessing engineers, equipment manufactures, and workers in fields related to nuclear fuel supply. - The report outlines current practices in ore processing plants in many countries. It briely describes the major geological types of uranium deposits and the general metallurgical approaches used in the extraction of uranium. The basic elements used for costing processing plants are also described.

UNITED KINGDOM ATOMIC ENERGY AUTHOTITY:

AERE-R 10774
The resistance of some inorganic surfaces to the retention of alpha-active powders - 1983, 14 pp. - J.T. Dalton and R.I. Wilkins

AERE-M 3291
An isotope tracer measurement system incorporating the HP85 computer - January 1983, 7 pp. - C. Phillips et al.

AERE-M 3299
An X-ray diffractometer sample holder for mounting odd shaped or fragmented solid samples - January 1983, 3 pp. - M.D. Fones

AERE-R 10674
An investigation into a numerical method of generating orthogonal coordinate systems - January 1983, 46 pp. - D.M. James

AEEW-R 1492
Recent adjustments to the WIMS Nuclear Data Library - January 1983, 45 pp. - M.J. Halsall

AEEW-R 1508
Degraded core accidents: a review of aerosol behaviour in the containment of a PWR - January, 1983, 41 pp. - A.L. Nichols

Ausgewählte Beiträge / Recently published papers

ATOMNAJA ENERGIJA 55(1983)6:

Synergistic Effect when Irradiating Graphite with Protons and Electrons (Russ.) - M.I. Guseva et al.

Problems in Processing and Solidification of APS Radioactive Wastes (Russ.) - A.S. Nikiforov et al.

Decontamination of Radioactive Wastes in a Continuous Ion-Exchange Unit with Mixed Bed (Russ.) - B.E. Ryabchikov et al.

On a Breeder Employing Mesocatalytic D - T Reaction (Russ.) - V.V. Orlov et al.

Equivalent Doses for Various Types of Radiation (Russ.) - B.G. Dubovsky

The Effect of Intermolecular Interaction on the Cold-Neutron Scattering Cross-Section of Nitrogen Gas (Russ.) - S.B. Stepanov et al.

The Basis for the Pulsed Neutron Logging Method in Determining Strong Absorbers (Russ. - D.K. Galimbekov et al.

Nuclear Petrophysical Provisions for Neutronometry of Natural Media (Russ.) - A.I. Pshenichnyuk et al.

Optimization of Semi-Commercial Rectification and Exchange Installations for Isotope Production (Russ.) - V.A. Kaminski et al.

ATOM (1983) 324:

The Authority's Year - UKAEA's Annual Report

Uranium Institute's Eighth Annual Symposium - L. Price

The electricity supply industry's yera

OECD energy use

ATOMWIRTSCHAFT/ATOMTECHNIK 28(1983)10:

Das europaeische Kernfusionsexperiment JET - U. Schumacher

Behandlung und Beseitigung radioaktiver Abfaelle (Bericht ueber die Internationale IAEO-Konferenz in Seattle)

IAEA BULLETIN 25(1983)3:

Establishment of an international nuclear safety body - M. Rosen

IAEA efforts to improve nuclear power plant operational safety - L.G. Epel et al.

The Agency's role in emergency planning and preparedness for nuclear accidents - H.E. Collins and B.W. Emmerson

Biological effects of low-level radiation - T. Iwasaki

Soil physics and agricultural production - K. Reichardt

ANNALS OF NUTRITION AND METABOLISM 27(1983)1:

In vivo Conversion of Tryptophan to Nicotinic Acid in Rats Studied by Simultaneous Incorporation of [H-3]Tryptophan and [C-14]Nicotinic Acid into Liver NAD and NADP - S. Satyanarayana and B.S. Narasinga RaO

ANNALS OF NUTRITION AND METABOLISM 27(1983)2:

In vitro Study of Lipase Activity of Bacterial Species Isolated from Rabbit Caecum Using C-14-Labelled Triolein (Franz.) - C. Bacques et al.

Effect of Dietary Short and Medium Fatty Acids on the Rates of Cholesterol Turnover Processes in the Rat (Using [4-C-14]Cholesterol and [1,2-H-3]Cholesterol) (Franz.) - C. Lutton et al.

ANNALS OF NUTRITION AND METABOLISM 27(1983)3:

Restoration Effects of Glucose Refeeding on Reduced Synthesis of Albumin and Total Protein and on Disaggregated Polyribosomes in Liver of Starved Rats: Evidence of a Post-Transcriptional Control Mechanism (Using L-[4,5-H-3] Leucine, [C-14]Formaldehyde, and [5-H-3]dCTP) - J.M.G. Princen et al.

Further Studies on Intestinal Accumulation of Glycine during Fasting in Rainbow Trout (Salmo gairdneri Richardson) (Using [C-14]Glycine) - G. Boge et al.

Lymphatic Transport of Cholesterol from Exogeneous and Biliary Origins in Nonfasting Rats After Intraduodenal Infusions of Triolein (Using [1,2-H-3]Cholesterol and [4-C-14]Cholesterol) - D. Reisser et al.

METABOLISM CLINICAL AND EXPERIMENTAL 32(1983)1:

De Novo Sterologenesis in the Intact Rat (Using [H-3]Water) - K.R. Feingold et al.

Effect of Increased Substrate Availability on Fatty Acid Synthesis in the Growth Retarded Fetus (Using [H-3]Water) - R.A. Vileisis and W. Oh

METABOLISM CLINICAL AND EXPERIMENTAL 32(1983)2:

Brown Adipose Tissue Metabolism in Hypothalamic-Obese Rats (Using [C-14]Palmisate, U-[C-14] Glucose, [1-C-14]Pyruvate and [2-C-14]Pyruvate) - R. Luboshitzky et al.

Sitosterol and Cholesterol Metabolism in a Patient with Coexisting Phytosterolemia and Cholestanolemia (Using [22,23-H-3]Sitosterol and [4-C-14]Cholesterol) - Hsiang-Ju Lin et al.

Effects of Caloric Restriction on Body Composition and Total Body Nitrogen as Measured by Neutron Activation - A.N. Vaswani et al.

METABOLISM CLINICAL AND EXPERIMENTAL 32(1983)3:

The Effect of Uremia on Circulating Mevalonate Metabolism in Rats (Using R,S-[5-C-14]Mevalonate, 1,2-[H-3]Cholesterol, [3-C-14]HMG CoA, R-[3-C-14]Mevalonate and [1-C-14]Acetate) - K.R. Feingold et al.

METABOLISM CLINICAL AND EXPERIMENTAL 32(1983)4:

A New Model of Human VLDL Metabolism Based on Simultaneous Studies of Its APo B and Triglyceride (Using [J-125]VLDL and [H-3]Triglyceride After Injection of [2-H-3]Glycerol) - G. Steiner and M.F. Reardon

Acid Protease Activity in Thyroid Gland from Patients with Graves' Disease (Using [J-125] Thyroglobulin) - M. Yoshinari et al.

Inhibition of Parathyroid Hormone Release from Dispersed Bovine Cells by Ouabain (Using a J-125-cAMP RIA) - D.G. Gardner et al.

Sodium Excess in Postmenopausal Osteoporosis (Using Na-23, Cl-37 and Ca-48 Total Body Neutron Activation and Whole Body Counting) - J.F. Aloia et al.

Extrapancreatic Action of Sulfonylureas: Hypoglycemic Effects Are Not Dependent on Altered Insulin Binding or Inhibition of Transglutaminase (Using [J-125]Insulin) - S.M. Nowak et al.

Effects of Dietary Substitution of Mixed Amino Acids for Glucose on the Splanchnic Metabolism of Plasma Triglycerides, Cholesterol, Carbohydrates, and Amino Acids in Conscions Fed Baboons (Using [9,10H-3]Palmitic Acid, [2-H-3] Glycerol, and [26-C-14]Cholesterol) - B.M. Wolfe et al.

Studies on the Metabolic Mechanism of Reduced High Density Lipoproteins During Anabolic Steroid Therapy (Using J-125-High Density Lipoproteins) - S.M. Haffner et al.

METABOLISM CLINICAL AND EXPERIMENTAL 32(1983)5:

Fetal Fuels VI. Metabolism of a-Ketoisocaproic Acid in Fetal Rat Brain (Using a-[1-C-14]Ketoisocaproic Acid) - G.E. Shambaugh III and R.A. Koehler

ATOM (1983) 322:

Research and development at Winfrith - 25 yrs. on

International fuel cycle conference

ISOTOPE GEOSCIENCE 1(1983)2:

The U contents U-234/U-238 activity ratios of dissolved uranium in groundwater from some Triassic sandstones in England - J.N. Andrews and R.L.F. Kay

K-Ar dating: incomplete extraction of radiogenic argon from alkali feldspar - F.W. McDowell

Light stable isotope systematics of granitic pegmatites from North America and Norway - B.E. Taylor and H. Friedrichsen

Possible climatic response of C-13 in leaf cellulose of pinyon pine in Arizona, U.S.A. - S.W. Leavitt and A. Long

Oxygen isotope fractionation between CO2 and H2O - C.A.M. Brenninkmeijer

3. Ergebnisse und Diskussion

3.1. *Präparation der feed-Lösung*

Aus folgenden Gründen ist PUREX-Raffinatlösung nicht unmittelbar für die Extraktion geeignet:

1) Die Lösung ist stark sauer, die TBP-Extraktion erfordert jedoch eine HNO_3-Konzentration $<0{,}5$ M (besser $\leq 0{,}2$ M).
2) Die Lösung enthält Elemente, die während der Extraktion zu Störungen (Bildung von Niederschlägen, Gelierung, Störung der Phasentrennung) Anlaß geben, z.B. Mo, Zr, oder solche, die extraktiv schwer von den Zielprodukten abzutrennen sind, z.B. U, Np, Pu.
3) Die Lösung, die einem etwa im Verhältnis 1:15 aufkonzentrierten PUREX-Raffinat entspricht, läßt sich noch weiter eindampfen. Ein „konzentriertes Schema" bietet den Vorteil, daß sich der zur Extraktion notwendige Salzzusatz auf das Maß verringert, welches für die sich evtl. anschließende Verglasung ohnehin erforderlich wäre.

Aus den von uns durchgeführten Untersuchungen resultiert der nachfolgend wiedergegebene Verfahrensvorschlag (Abb. 1).

Die Lösung wird zum Sieden erhitzt, wobei die Hauptmenge des Mo als Niederschlag ausfällt. Anschließend wird auf die Hälfte bis ein Drittel des Ausgangsvolumens eingedampft unter gleichzeitigem Durchleiten von Wasserdampf. Dadurch vermindert sich der Salpetersäuregehalt, das Zr hydrolysiert und fällt aus. Die Prozedur wird abgebrochen, wenn eine HNO_3-Konzentration von ca. 0,5 M erreicht ist. (Bei weiterer Verminderung der Salpetersäurekonzentration fällt Eisenoxidhydrat, dann fallen die Edelmetalle und schließlich auch die Seltenerdhydroxide aus.)

Der Niederschlag ist — im Gegesnatz zu dem bei der Fällung mit Natronlauge erhaltenen — kompakt und läßt sich durch Zentrifugieren leicht abtrennen. Beim Abkühlen evtl. ausgefallenes Ru und Pd geht beim Zusatz von etwas Wasser wieder in Lösung. Die Lösung hat einen Restgehalt von 0,01 Mol/l Mo und 0,05 Mol/l Zr. Letzteres ließ sich durch Zugabe einer kleinen Menge 1 M Ammoniumhydrogenphosphatlösung am Ende der Wasserdampfdestillation noch weiter verringern. Die gewünschte Endkonzentration an Salpetersäure (z.B. 0,2 M) wurde mit konzentrierter Natronlauge eingestellt. Nach einstündigem Rückflußkochen und anschließendem Abzentrifugieren des gesamten Niederschlags enthielt das Zentrifugat noch 0,6% der ursprünglichen Zr-Aktivität (ca. $2 \cdot 10^{-3}$ Mol/l). Die Lanthanoidenelemente (Ce, Eu) und das als Tracer zugegebene Am blieben praktisch vollständig in Lösung. Etwa die gleiche Zr-Reinigung wie mit Phosphatzusatz erreichten wir durch Sorption aus ca. 0,5 M salpetersaurem Zentrifugat an einer mit granuliertem Kieselgel gefüllten Säule. Wegen der langsamen Kinetik der Zr-Sorption darf die Durchlaufgeschwindigkeit nur 1 ml/cm² min betragen bei einer Kontaktzeit von mindestens zwei Stunden.

Die Restgehalte an den Actinoidenelementen U, Np und Pu (in unserer Modellösung nicht enthalten) können vor der Salpetersäureabtrennung durch eine „Kontrollextraktion" mit 30 ... 40%igem TBP entfernt werden [16, 17], evtl. gemeinsam mit dem Zr. Ebenfalls in einem gesonderten Extraktionsschritt, aber nach der Salpetersäureabtrennung lassen sich die Elemente Pd und Tc selektiv gewinnen [18, 19]. Die Konzentrationen der wesentlichsten Bestandteile der so hergestellten Speiselösung (ohne Pd-Tc-Abtrennung) sind in Tab. 1 angegeben.

Tab. 1. Zusammensetzung, Ausbeuten und Trennfaktoren zum Fließschema Americiumabtrennung (Eingeklammerte Werte zeigen an, daß das Element nur in Tracer-Konzentration vorlag)

Element bzw. Verbindung	Z 1 Ausgangs-modellösung Mol/l	Z 2 Zentrifug. Konzentrat (1:3) Mol/l, 5 % Verlust	Ausbeute (ohne Waschen) %	Z 3 organischer Extrakt Mol/l	Stufen-ausbeute %	Z 4 wäßrige Produktlsg. Mol/l	Stufen-ausbeute %	Gesamt-ausbeute %	Gesamt-dekofaktor (bezogen auf Am + Cm)
Am (+Cm)	(0,016)	(0,048)	95	(0,038)	80	0,013	100	76	—
Ce	0,055	0,165	95	0,046	35	$1{,}5 \cdot 10^{-4}$	1	0,33	230
Eu	0,004	0,012	95	$9{,}5 \cdot 10^{-3}$	97	$3{,}2 \cdot 10^{-3}$	95	87	0,87
Tc*)	(0,027)	(0,081)	95	(0,039)	60	(0,005)	35	20	3,8
Pd*)	0,043	0,130	95	0,002 ... 0,076	2 ... 70	$1{,}5 \ldots 53 \cdot 10^{-3}$	70	1 ... 47	57 ... 1,6
Ru	0,070	0,210	95	0,002	1,5	$6{,}7 \cdot 10^{-5}$	10	0,14	540
Zr*)	0,100	0,050	16	0,034	85	$2{,}3 \cdot 10^{-3}$	20	2,8	27
Zr		Z2′: 0,002	0,6	0,001	85	$6{,}7 \cdot 10^{-5}$	20	0,10	760
Mo	0,100	0,010	3	$4 \cdot 10^{-5}$	0,5	$1{,}2 \cdot 10^{-5}$	90	0,014	5400
Cs	0,058	0,174	95	$1 \cdot 10^{-4}$	0,1	$3{,}3 \cdot 10^{-5}$	100	0,10	760
HNO_3	3,0	0,2		0,05 ... 0,2		0,001			
ΣNO_3	1,7	4,8	90	1,4	37	0,1	21	7	14
+ Aussalzer						4,1			0,35
DTPA						0,05			
Milchsäure						0,2			
Volumenstrom	1000	333		400		1200			
(ml/h)		−5 %: 317							
Actin./Lanth.	(0,12)	(0,12)		(0,18 ... 0,24)		(0,9 ... 1,2)			

*) Gilt, falls das Element nicht bei der Präparation der Speiselösung abgetrennt wurde.

3.2. *Extraktion einer Lanthanoiden-Actinoidenfraktion mit TBP*

Als Extraktionsmittel verwendeten wir eine Lösung von 50 Vol.-% TBP in n-Paraffin („Parexparaffin", VEB Petrolchemisches Kombinat Schwedt, DDR). Bei höherer TBP-Konzentration steigen zwar die Verteilungskoeffizienten und die Kapazität weiter an, dagegen wird infolge anwachsender Viskosität und abnehmender Dichtedifferenz zur wäßrigen Phase die Phasentrennung erschwert.

Das Fließschema (Abb. 1) leitet sich aus den bei Gleichgewichtsuntersuchungen gewonnenen Extraktionsisothermen ab, aus denen mittels graphischer Verfahren (*Thiele-McCabe*-Diagramme) die Stoffströme abgeschätzt werden konnten. Der zur Extraktion erforderliche Aussalzer wurde in Form einer konzentrierten Nitratlösung (6 M $NaNO_3$, 2 M $Al(NO_3)_3$ bzw. 2,5 ... 3 M $Mg(NO_3)_2$) in der Waschsektion zugegeben. Durch Veränderungen in der Zusammensetzung der Stoffströme, im Phasenverhältnis oder in der Lage der Einspeisestelle (feed-Punkt) ließen sich die Versuchsbedingungen variieren. So kann man beispielsweise zwischen Totalextraktion mit hoher Ausbeute (Am, Eu 96 ... 100%) und Am-Anreicherung innerhalb der extrahierten Stoffgruppe bei entsprechend geringerer Ausbeute wählen. Abb. 2 zeigt als Beispiel die Extraktionsprofile (Konzentrationsprofile der in die organische Phase übergegangenen Stoffe) für einen Versuch, bei dem eine Eu-Ce- bzw. Am-Ce-Trennung angestrebt wurde. Infolge der relativ hohen Extraktionsmittelbeladung in Höhe von ca. 80% der theoretischen Sättigung werden schlechter extrahierbare Komponenten aus der organischen Phase verdrängt. Bei einer Ausbeute von 71% Eu, 60% Am und 14% Ce errechnen sich Dekontaminationsfaktoren von 5,1 (Eu/Ce) bzw. 4,3 (Am/Ce). Bei 73% Am-Ausbeute sank der Am/Ce-Dekontaminationsfaktor auf 2,3, bei 81% auf 1,8. Weitere Dekontaminationsfaktoren sind Tab. 1 zu entnehmen. Neben dem Tc, das zu ca. 60% in den Extrakt geht, wird noch Pd in nennenswerter Konzentration mitextrahiert. Wegen der analytisch nicht erfaßten Zwischenelemente (Pr, Nd), die in der Raffinatlösung in hoher Konzentration vorliegen, ist für die Summe der Lanthanoide (einschließlich La und Y) nur mit einer Abreicherung um den Faktor 2, bezogen auf Am, zu rechnen. Auf alle Inhaltsstoffe bezogen, kann man für den Schritt der TBP-Extraktion bei dieser Versuchsdurchführung mit einem Dekontaminationsfaktor von 3 ... 4 rechnen. Bei allen angegebenen Reinigungsfaktoren ist jedoch zu bedenken, daß sie im wesentlichen durch die zur Verfügung stehende Stufenzahl des Trennapparates begrenzt sind.

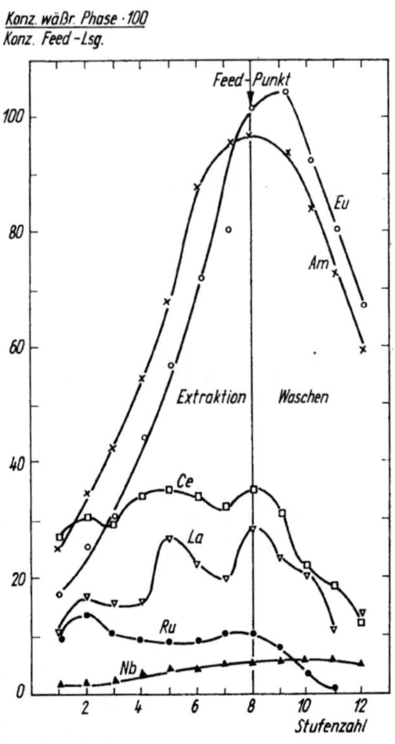

Abb. 2. Konzentrationsprofile bei der Extraktion im Gegenstromextraktor

3.3. *Selektive Rückextraktion mittels Komplexbildner*

Bei der Rückextraktion nutzten wir die Komplexbildungstendenz der Actinoidenelemente mit dem Komplexon DTPA aus. Die schwächer oder nicht komplexierten Nuklide werden durch die hohe Nitratkonzentration in der TBP-Phase zurückgehalten. Wie bei der Extraktion wurden auch hier die günstigsten Versuchsparameter aus den Verteilungsuntersuchungen abgeleitet. Es zeigte sich, daß man hohe Dekontaminationsfaktoren nur erreichen kann, wenn die organische Extraktlösung (mittlere Beladung 60%) durch frisches Extraktionsmittel verdünnt und die wäßrige Reextraktphase durch das in Stufe 12 zufließende 50%ige TBP gewaschen wird (Abb. 1). Ohne den hierbei auftretenden „Rektifikationseffekt" („reflux") waren keine guten Trennergebnisse zu erhalten. Als *p*H-Puffer wurde Lactat verwendet. Da die Rückextraktion – im Gegensatz zur Extraktion – zur Gleichgewichtseinstellung Rührzeiten von ca. 20 min erfordert (Zr und Ru mehr als 60 min), die Phasenkontaktzeit in einer Mixerstufe bei dem gewählten Durchsatz jedoch nur ca. 1 min (Gesamtverweilzeit im Apparat ca. 20 min) beträgt, wurden hier mit Sicherheit keine Gleichgewichtswerte erreicht.

Abb. 3 zeigt als Beispiel Konzentrationsprofile (wäßrige Phase) für einen typischen Rückextraktionsversuch, durchgeführt im oben beschriebenen 12stufigen Extraktor. Es ist zu erkennen, daß gemeinsam mit Am auch die stärker komplexbildenden Lanthanoidenelemente (um das Eu) in

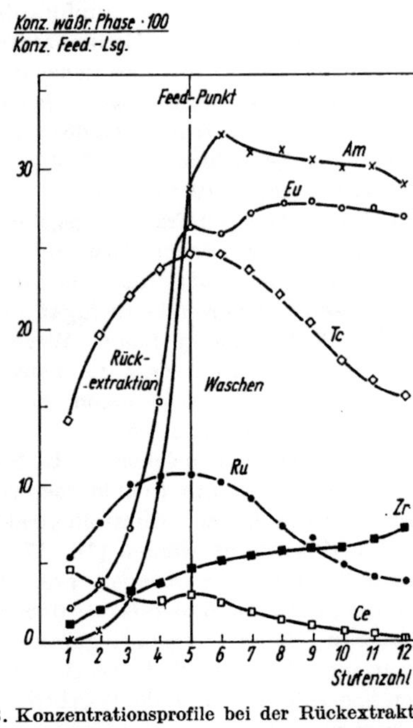

Abb. 3. Konzentrationsprofile bei der Rückextraktion im Gegenstromextraktor

die wäßrige Phase übergehen, während die leichten Lanthanoide (z.B. Ce) fast vollständig in der organischen Phase gehalten bzw. in der Waschstufe ausgewaschen werden. Eine Abschätzung ergibt, daß bei der verfügbaren Stufenzahl ca. 20% der Lanthanoidenelemente gemeinsam mit den Actinoiden im Reextrakt erscheinen, was einem Reinigungsfaktor 5 entspricht. Für die beiden Verfahrensstufen Extraktion und Rückextraktion erreichten wir damit einen Gesamtreinigungsfaktor für Am bezogen auf die Spaltseltenerden von 5 ... 10 (vgl. Tab. 1). Größere Reinigungsfaktoren erfordern eine größere Trennstufenzahl. Das für die anschließend vorgesehene chromatographische Feintrennung wichtige Actinoiden-/Lanthanoidenverhältnis ist von der Actinoidenkonzentration in der Ausgangsraffinatlösung abhängig. Es erreicht bei der Aufarbeitung von rezyklierten Brennstoff und unter Zugrundelegung der von uns erzielten Anreicherungsfaktoren den Wert 1.

Die Elemente Tc und Pd lassen sich nur unvollständig aus der Actinoidenfraktion entfernen. Sie sollten deshalb besser, wie im Abschnitt 3.1. beschrieben, in einem gesonderten Schritt extrahiert werden.

3.4. *Radiolyseeinfluß*

Zur Beurteilung des Radiolyseeffekts führten wir eine Aktivitätsabschätzung und einige Experimente durch.

Zweifach rezyklierter LWR-Brennstoff besitzt nach drei Jahren Lagerzeit eine spezifische Aktivität von ca. $4 \cdot 10^{16}$ Bq/t (10^6 Ci/t) [9]. Daraus stammende Abfallösung hat nach Aufkonzentrierung auf 100 l/t SM eine spezifische Aktivität von ca. $4 \cdot 10^{14}$ Bq/l (10^4 Ci/l). Da während der Extraktion die hauptsächlich für die Strahlenbelastung des Extraktionsmittels verantwortlichen Nuklide (^{134}Cs, ^{137}Cs, ^{90}Sr/Y und ^{106}Ru) in der wäßrigen Phase verbleiben, wird das TBP nur mit einer Dosis von 2 ... $4 \cdot 10^3$ Gy (0,5 bis 1 Wh/l) belastet [20, 21]. Nach der Phasentrennung und bis zur Rückextraktion wirkt die α-Strahlung der extrahierten Actinoidenelemente weiter, die ca. 10 ... 20% der Gesamtdosisleistung ausmacht. Die Rückextraktion sollte sich deshalb ohne Zwischenlagerung an die Extraktion anschließen.

Die Strahlenwirkung im Dosisbereich bis $4 \cdot 10^4$ Gy (10 Wh/l) äußert sich praktisch ausschließlich in der Bildung von Dibutylphosphorsäure (DBP). Sie ist gerade eben nachweisbar und nicht kumulativ, d. h., sie läßt sich durch Alkaliwäsche des Extraktionsmittels vollständig beseitigen. Die gebildete Menge an DBP ist der absorbierten Dosis proportional, wobei $4 \cdot 10^3$ Gy ca. $5 \cdot 10^{-4}$ Mol/l DBP entsprechen [3].

Von uns durchgeführte Verteilungsversuche zur TBP-Extraktion brachten in Abhängigkeit vom DBP-Zusatz die folgenden Ergebnisse:

10^{-4} Mol/l DBP:	kein nachweisbarer Einfluß
10^{-3} Mol/l DBP:	nur bei Zr signifikante Erhöhung der Extraktion, leichte Beeinträchtigung der Phasentrennung (Phasengrenzniederschlag!) und Verschlechterung der Reproduzierbarkeit der Verteilungskoeffizienten
10^{-2} Mol/l DBP:	zunehmende Beeinträchtigung der Phasentrennung durch Niederschlag

Eine schwere Störung des Extraktionsprozesses ist demnach erst bei einer übertragenen Strahlendosis zu erwarten (ca. $7 \cdot 10^4$ Gy = 20 Wh/l), wie sie im vorliegenden Fall nicht auftritt.

Die Strahlenwirkung auf den Komplexbildner DTPA während der Rückextraktion sollte ebenfalls zu vernachlässigen sein, da sich die Konzentration an den Actinoidenelementen, die weniger als 20% zur Gesamtaktivität beitragen, nicht erhöht. Da die „innere Strahlenbelastung" jedoch auch nach der Phasentrennung anhält, ist mit einer allmählichen radiolytischen Zersetzung des Komplexons zu rechnen. Wir beobachteten bei der Rückextraktion unter Zusatz von 10^{-3} Mol/l DBP wiederum nur beim Zr einen signifikanten Einfluß. Die Rückextraktion war um den Faktor 2 vermindert.

Der Verfasser dankt Herrn Dr. *Rolf Eichler* für wertvolle Ratschläge und die Unterstützung der Arbeit.

Eingegangen am 9. 3. 1983

Literatur

[1] *W. Heyne*, Isotopenpraxis **18** (1982) 349
[2] Forskningsgruppe for Sjeldna Jordart, US 3 751 553, 1971
[3] *D. A. Orth, J. M. McKibben, W. E. Prout, W. C. Scotten*, Proc. Intern. Solvent Extr. Conf., The Hague (1971) Paper 148
[4] *L. W. Gray, G. A. Burney, T. A. Reilly, T. W. Wilson, J. M. McKibben*, DP-1577 (1980) 43p.
[5] *H. C. Carney*, GA-A-13 348 (1975) 366p.
[6] *E. J. Wheelwright, F. P. Roberts*, BNWL-1072 (1969)
[7] *W. B. Shevchenko, S. Smelov*, Radiokhimiya **18** (1976) 784
[8] *L. N. Lasarev, R. I. Ljubzev, B. J. Galkin, W. P. Popik, B. N. Zajtsev, W. N. Romanovskij, W. M. Esimantovskij*, RGW-Symposium Marianske Lazne, ČSSR, 1981
[9] *H. O. Haug*, KFK-1945 (1974) 8p.
[10] *F. Mousty* et al., Radiochem. Radioanal. Letters **31** (1977) 9
[11] *W. D. Bond, R. E. Leuze*, ORLN-5012 (1975) 111p.
[12] *R. El. Burns* et al., BNWL-1907 (1975) 67p.
[13] *H. O. Haug*, KFK-2022 (1975) 203p.
[14] *L. A. Bray, L. L. Burger, R. E. Burns*, BNWL-1776 (1973) 78p.
[15] *B. Gorski, G. Prepper, W. Heyne, D. Nebel*, Isotopenpraxis **14** (1978) 137
[16] *M. Kubota, H. Nakamura, S. Tachimori, T. Abe, H. Amano*, IAEA-SM-246/24 (1980)
[17] *L. Cecille, F. Mannone, F. Mousty*, IAEA-SM-246/22 (1980)
[18] *I. Svantsson, I. Hagström, G. Persson, J. O. Liljenzin*, J. inorg. nucl. Chem. **41** (1979) 383
[19] *B. Gorski*, Isotopenpraxis **17** (1981) 416
[20] *J. G. Moore, D. J. Crouse*, ORNL-4618 (1970) 24p.
[21] *M. Richter*, Isotopenpraxis **17** (1981) 269

Isotopenpraxis **20** (1984) 1, S. 24 bis 27

Investigation of Moisture Migration in the Concrete of a Special Test Construction under Simulated Load Conditions*)

H. Baumbach

(Leipzig University of Technology, Section Technology of Building)[1])

Investigations of the behaviour of water in the concrete of special constructions under load conditions are essential for judging safety aspects especially when the conerte is enclosed between liners. The injection of tritiated water of 60 Ci into the fresh concrete of the dome range of a test construction, sampling and sample preparations are described. The test results obtained again demonstrate the unique possibilities of the tracer technique with radionuclides in the investigation of local and temporal distributions of substances under complicated actual conditions.

Untersuchungen über das Verhalten von Wasser und Feuchtigkeit in Beton, der bestimmten Sicherheitsanforderungen genügen muß, sind erforderlich, um Fragen der Beanspruchungen zu klären. Eine Injektion mit tritiummarkiertem Wasser (60 Ci) in frischen Beton, die Probennahme und Probenumarbeitung werden beschrieben. Es konnten lokale und zeitliche Verteilungen des markierten Wassers unter den realen Lastbedingungen im Beton eines speziellen Gebäudes beobachtet werden.

Keywords

tracer techniques; diagnostic techniques; concretes; dynamic function studies; radionuclide migration; humidity; nuclear power plants

1. Problem

For this purpose a cylindrical building with a dome is built in sections from prefabricated steelwork cells and filled with concrete.

The concrete sets under the conditions of a hermetic outline on both sides. In case of damage in the interior space there is an increase in temperature and pressure. Thus, there is, additionally, a thermal flow through the concrete from inside to outside beside the mechanical stress for the total construction. The concrete is an open porous multicomponent system, which contains 20 percent water by volume, which amounts to about 200 dm^3 water per 1 m^3 concrete. About 75 dm^3/m^3 concrete of this chemically bound as water of crystallization. Another ca. 45 dm^3/m^3 of the water in concrete appears in several adsorbed modifications. It is commonly said that this water is physically bound. The residual water (80 dm^3/m^3) is more or less freely mobile in the concrete, especially at temperatures below 100 °C (degrees Centigrade) [1, 2].

This paper intends to give an answer to the question how does the water move in the concrete of the special construction under load conditions ?

In order to test the physico-technical parameters of a cylindrical building with a dome a test construction was built by the Institute of Industrial Construction of the Building Academy of the GDR (a scale 1 to 5 compared to the original).

In the framework of an extensive experimental programme the present work was carried out.

*) Presented at the 2nd Working Meeting "Radioisotope Application and Radiation Processing in Industry", 28th September to 1st October 1982, Leipzig

[1]) Address: DDR-7030 Leipzig, Karl-Liebknecht-Str. 132

2. Fundamentals and Experimental Techniques

Various processes occur in the water flow in concrete:

- the diffusion of the gaseous phase;
- processes in the adsorbed water phase at the internal pore surfaces of concrete, for example, at the dipole layers by cationic and anionic bound water at ions of different radii;
- processes between and with radicals resulting from water molecules;
- exchange reactions between chemically bound phase and adjacent phase;
- exchange reactions between adsorbed phase and adjacent molecular water in the form of steam or liquid water;
- hopping processes;
- surface diffusion in the liquid phase;
- phenomena caused by surface tension;
- laminar percolating flow in saturated and nonsaturated cavities;
- water steam transportation in moved air in open porous concrete;
- water steam transport through temporary cracks in concrete for example between dowel fillets mounted for this purpose;
- water movement through the splits, for example between outsideliner and concrete;
- water transport under the effect of gravity [2–4].

Such processes, among others, take place especially:

- in pores of different cavity widths and size distribution;
- at temporary, essentially stationary (under normal conditions) and at temporary strongly nonstationary local temperature distributions (in case of load) in concrete the heat transfer coefficient strongly changing

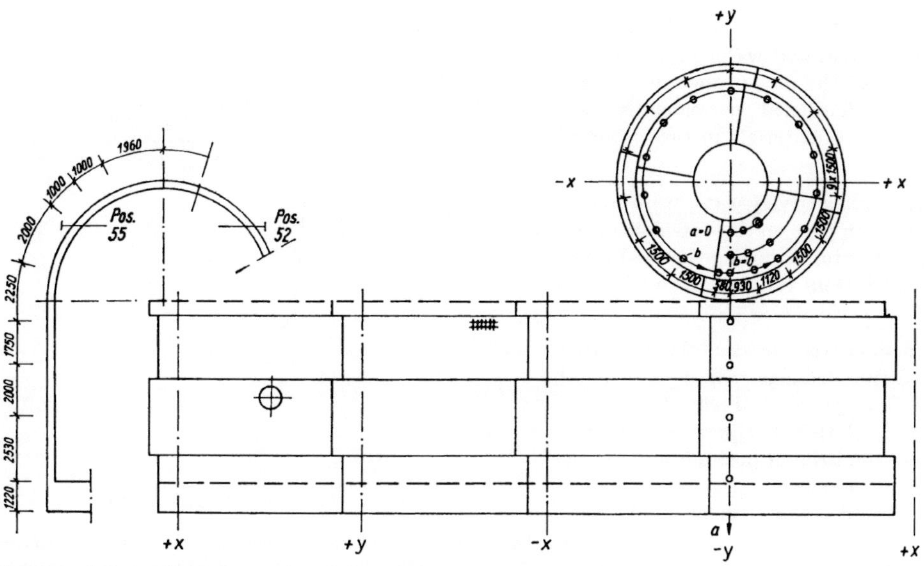

Fig. 1. Marking of the positions for sampling at the test construction

a – vertical trace (dome top view and cylinder rolling out on a plane) across the dome and cylinder range along which the concrete samples were taken

b – horizontal trace (dome top view) at the lower edge of the dome range along which the concrete samples were taken

Positions 52 and 55: steam sampling

in dependence of the steam portion and the motion of air in the interior space of the construction;

– with several steam pressure profiles, for example at the temporary opening of escape values on the outsideliner.

3. Test Method

3.1. *Nuclide Selection*

To study the question of how the water, in macroscopic terms, moves under simulated conditions of load in the space almost entirely filled with concrete between the liners, in a place in the dome range (see Fig. 1) tritiated water was applied 60 Ci = $2{\cdot}22 \times 10^{12}$ Bq as HTO in three ampoules each 2 ml in the fresh concrete. Tritium was chosen for labelling although it cannot be directly detected from the outside through the line because of its extremely low beta radiation energy on an average of 5 keV, because the relevance of the transport behaviour of more simply measurable and applicable model substances has not been ascertained up to now.

3.2. *Application of HTO in fresh concrete*

Since ampoules with tritiated water, especially older ampoules, can be subjected to pressure, danger of explosion and of contamination exists when the ampoules are opened.

The ampoules were not opened under cryotechnical conditions in a hot cell but with a special jig [5] placed in fresh concrete and smashed under the fresh concrete layer of 1 m thickness between the steel liners. Thus it was possible to apply with an accuracy of ±5 cm the radioactive substance in the fresh concrete under conditions of safety and under working conditions on the construction site.

The special jig possesses among others marks for the position control, connecting branch for compressed air and flushing water. This jig is also adapted for application of other solid, liquid and gaseous, also toxic and radioactive substances even under conditions of explosion hazard into bulk materials, viscose substances, fluids and granular mixtures, into substance streems, silos, containers, mills, separators and agitators etc. in several industrial branches.

Fig. 2 shows a diagram and a photograph of the above mentioned special jig.

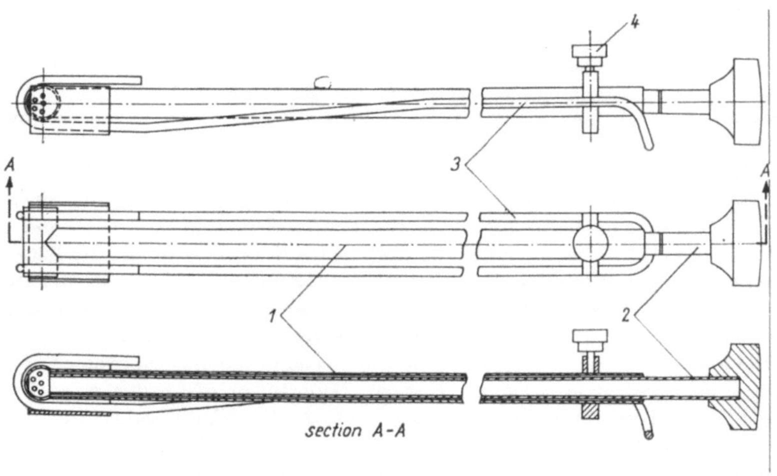

Fig. 2. Diagram of the used special jig to open of the ampoules having tritiated water in fresh concrete

3.3. Sampling

After the application of the tritiated water into the fresh concrete of a defined zone of the dome range of the test construction the concrete hardened permanently (see Fig. 1). The sampling of active materials in two different ways was done:

1) Sampling of water steam respectively water from special openings such as deaeration pipe on the outsideliner via suitable connections to the tanks during the load tests.
2) Sampling of fine drillings from concrete after the load tests.

In doing this, the outsideliner was bored at the measured positions (see Fig. 1) and fine drillings with a hard metal boring tool at 0·2 revolutions per second were taken. The drilling velocity was so small that the increases of temperature beyond 40 °C at the drilling position and consequently water losses were excluded.

All the fine drillings were collected into small, simply and quickly shutable bags, which were magnetically fastened at the lower edge of the boring hole close to the outsideliner.

By using the drills only once it was ensured that the carrying of activity from boring hole to the next was impossible.

3.4. Sample preparation

The portion of hydrated cement from the drilling samples was carefully fused with hydrochloric acid [6] and was prepared for measurement in the liquid scintillation spectrometer [7].

4. Results

The results obtained again demonstrate the unique possibilities of the tracer technique with radionuclides in the investigation of local and temporal distributions of substances under complicated actual conditions.

The following conclusions have been drawn:

During the maximum load at the test construction an almost identical specific activity was found in the unloading phase (deaeration pipe open) in the water steam of dome range between concrete and outsideliner measured between the positions 55 and 52 (see Fig. 1). Averaged over the total tests was established a disproportionate distribution of the specific activity in the water of concrete adjoining the liner (see Fig. 3). In the dome range different specific activities caused by structural installations, steel dowel fillets perpendicular to the outsideliner, which influenced the steam flow from the injection place across the dome range, were observed.

Fig. 3 and 4 illustrate the specific activity of the concrete at the liner along a horizontal trace on the lower edge of the dome range and along a vertical trace near the y-axis from the dome across the cylinder range to the bottom plate.

In Fig. 4 we can also see constructive differences in the specific activity in the dome range as also represented in Fig. 3 and we can see a quasi exponential decrease of the specific activity in the cylinder range towards the bottom plate.

The results also prove that under the load regime here represented the steam was substantially transported by an air flow through the voidspaces of the concrete and especially through the temporary and intended cracks in the concrete between the dowel fillets and through the permanent split between concrete and outsideliner.

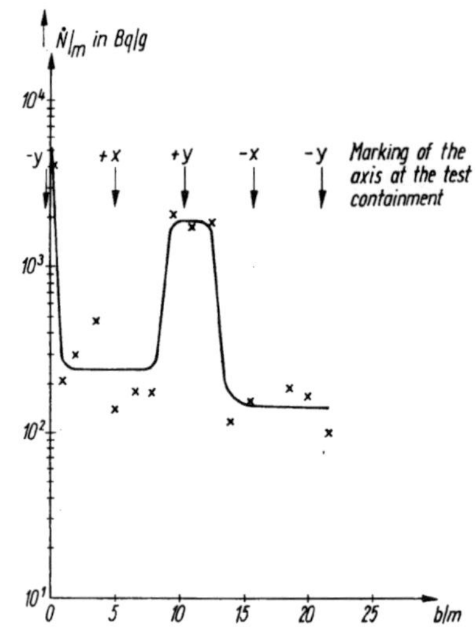

Fig. 3. Slope of the specific activity $\dot{N}/m$ in Bq/g of the concrete at the outsideliner along a horizontal trace b in m at the lower edge of the dome range/marking of the axis at the test construction: −Y, +X, −X, +Y

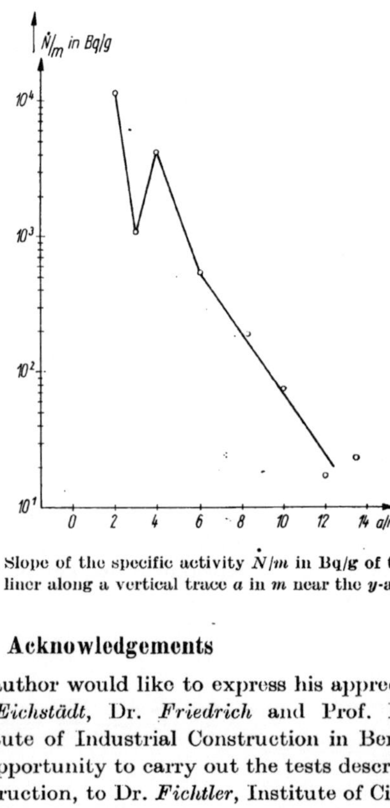

Fig. 4. Slope of the specific activity $\dot{N}/m$ in Bq/g of the concrete at the liner along a vertical trace a in m near the y-axis

Acknowledgements

The author would like to express his appreciation to Prof. Dr. *Eichstädt*, Dr. *Friedrich* and Prof. Dr. *Thomasch*, Institute of Industrial Construction in Berlin, for having the opportunity to carry out the tests described at the test construction, to Dr. *Fichtler*, Institute of Civil Engineering and Structural Engineering in Leipzig, for his practical support on the spot, and to Prof. Dr. *Leonhardt* and Dr. *Trettin*, Central Institute of Isotope and Radiation Research in Leipzig, for the amiable discussions and the necessary activity measurements, to Dr. *Höhle*, Central Institute of Isotope and Radiation Research in Leipzig, for his consultations on the matter of radiological protection, to Prof. Dr. *H. Dunken*, Department of Chemistry at Jena University and to Prof. Dr. *W. Schulze* and to Dr. *W. Tischer*, University of Technology in Leipzig, for technical discussions and advice on sample preparation.

Received December 23, 1982

References

[1] *W. Schulze*, Der Baustoff Beton, Bd. 1, Zementgebundene Mörtel und Betone (The building material concrete, Vol. 1, Cement mortar and concrete). Berlin: Verlag Bauwesen 1983

[2] *H. Dunken*, Physiikalsche Chemie der Glasoberfläche (Physical chemistry of the glass surface). Leipzig: VEB Deutscher Verlag für Grunstoffindustrie 1981

[3] *H. Dunken*, Glass Surfaces in TREATISE ON MATERIALS SCIENCE AND TECHNOLOGY, Vol. 22, Academic Press. Inc. 1982

[4] *H. Klopfer*, Wassertransport durch Diffusion in Feststoffen (Water transportation in solids by diffusion). Wiesbaden und Berlin: Bauverlag 1974

[5] *H. Bär, H. Baumbach, H. Kupsch*, Vorrichtung zum Öffnen von Ampullen zur Markierung (Jig to open ampoules to the tracement) – WP G 01 F/233 178/4

[6] Individual communications Dr. *W. Tischer*, TH Leipzig

[7] Individual communications Dr. *Trettin*, ZfI Leipzig

Isotopenpraxis 20 (1984) 1, S. 27 bis 29

Kinetic Study of ^{15}N-Isotopic Fractionation of Ammonium Fertilizers in Egyptian Soils

A. I. M. Aly, M. A. Mohamed

Atomic Energy Establishment, Nuclear Chemistry Department, Cairo (Egypt)

^{15}N-isotopic fractionation of added ammonium fertilizers was studied during incubation of Egyptian soils. The results indicate that the isotopic identity of the fertilizer is not preserved during the course of incubation and that several reactions could be responsible for the isotopic fractionation mainly: Nitrification of ammonium, volatilization of ammonia in basic soil, isotopic exchange between ammonia gas and ammonium ion as well as the interaction between inorganic and organic nitrogen compounds.

Die ^{15}N-Isotopenfraktionierung von zugeführten Ammonium-Düngemitteln wurde während der Inkubation von ägyptischen Böden untersucht. Die Ergebnisse deuten an, daß die isotopische Identität des Düngemittels während der Inkubationszeit nicht erhalten bleibt und daß mehrere Reaktionen für die Isotopenfraktionierung verantwortlich sein könnten, und zwar hauptsächlich die Nitrifikation des Ammoniums, die Verflüchtigung des Ammoniaks in basischem Boden, der Isotopenaustausch zwischen Ammoniakgas und Ammoniumionen sowie die Wechselwirkung zwischen anorganischen und organischen Stickstoffverbindungen.

Keywords

ammonium compounds; fertilizers; isotope effects; isotope ratio; nitrogen isotopes; soils

Introduction

The wide application of artificial fertilizers is mainly responsible for the nitrate pollution of ground and surface waters due to washing-out processes [1–3].

A recent approach for detecting the contribution of the artificial nitrogen fertilizers to the total nitrate pollution of water utilizes the natural variations of the ^{15}N content in fertilizers, in soil and in water. The first work in this direction was done by *Kohl* et al. [4] followed by several publications e.g. [5–8]. The method of *Kohl* et al. assumes that the isotopic identity of nitrogen fertilizers is preserved after addition to soil. This postulate should be checked out, because it is expected that the transformations of N-fertilizer in soil lead to isotopic fractionation. Incubation of German acid soils revealed that isotopic fractionation of N-fertilizers occured [8]. The aim of this work is to investigate the kinetics of the isotopic fractionation of ammonium fertilizer in Egyptian soil.

Experimental

A sandy loam soil sample was collected from Wadi El-Natrun area 40 km to the west of the River Nile. The exact location of this area and the ^{15}N content of its ground water nitrate were published elsewhere [9]. The soil sample was air dried and sieved through a 2 mm sieve. Then ammonium sulphate solution with an isotopic composition of (δ^{15}N $= -1.1‰$) was added at a rate of 14 mg N per 100 gm of soil. The moisture content of the soil was preserved at 20% humidity by adding distilled water to compensate for evaporation. The soil was then incubated at room temperature under aerobic conditions.

For extracting ammonium and nitrate a 2 N solution solution of KCl was added to the soil sample with a ratio of 3:1 by weight. After stirring for one hour, the soil extract was filtered. The vacuum distillation method was used to separate ammonium and nitrate after reduction by *Devarda* alloy at *p*H 11 and temperature of 50 °C [10]. The ammonium sulphate solutions resulting from collection of ammonia in dilute sulphuric acid were adjusted to *p*H of approximately 3 and evaporated till dryness in a rotary vacuum evaporator. For isotopic analysis the ammonium sulphate was converted to nitrogen gas under vacuum using LiOBr solution [11]. The isotopic analysis was done using a VG Micromass 602 D mass spectrometer. The δ^{15}N values are reported as per mill deviation from atmospheric standard according to the following equation:

$$\delta^{15}N‰ = \frac{(^{15}N/^{14}N)_{sample} - (^{15}N/^{14}N)_{air}}{(^{15}N/^{14}N)_{air}} \times 1000$$

Results and Discussion

The results of the kinetics of transformation and isotopic fractionation of ammonium fertilizer on addition to soil are shown in Tab. 1. It is noted that the concentration of ammonium increased in the first day of incubation followed by a subsequent decrease till it reached the initial concentration after 61 days. The increase of the ammonium con-

Tab. 1. Kinetics of isotopic fractionation of fertilizer-ammonium in soil
$(NH_4)_2SO_4$ added: 14 mg N/100 g soil, $\delta^{15}N$ of $-$ 1.1‰

Time days	Ammonoum-N		Nitrate-N		*p*H
	Concentration mg N/100 g soil	$\delta^{15}N$	Concentration mg N/100 g soil	$\delta^{15}N$	
0 soil without addition	1·26	16·97	11·69	6·60	7·66
1	18·00	0·60	10·70	16·50	7·60
3	11·20	8·50	9·10	14·50	7·60
5	11·55	5·67	12·60	8·40	7·60
13	9·30	14·76	15·12	8·10	7·60
17	8·89	13·50	16·10	7·80	7·66
20	9·80	20·40	16·45	7·20	7·65
33	3·00	22·50	18·34	12·00	7·69
46	3·10	18·47	19·19	13·00	7·44
61	2·10	18·20	23·16	13·77	7·54

centration in the first day may be due to some mineralization of organic compounds in soil. The $\delta^{15}N$ of ammonium increased from 0·6‰ in the first day to +18·2‰ after 61 days of incubation. This can be explained by the following:

a) Loss of ammonia from basic soil is accompanied by isotopic fractionation of nitrogen isotopes leaving the remaining ammonium enriched in the heavier ^{15}N isotope.

b) The isotopic exchange reaction between ammonia in the gas phase and ammonium ion in the liquid phase according to the following equation:

$$^{15}NH_{3(gas)} + (^{14}NH_4)^+_{(liq.)} = {}^{14}NH_{3(gas)} + (^{15}NH_4)^+_{(liq.)}$$

which has an equilibrium constant of 1·034 at 25 °C i.e. favouring the enrichment of ^{15}N in the liquid phase [12].

c) The nitrification reaction leads to enrichment o: ^{15}N in ammonium because the $^{14}NH_4^+$, being lighter, is expected to be nitrified at a higher rate than $^{15}NH_4^+$ leading to a subsequent enrichment of the unreacted ammonium [13].

The isotopic composition of nitrate behaves in such a way indicating that the nitrification reaction is not only the prevailing reaction, although incubation has been carried out under aerobic conditions. If the nitrification were the only reaction, the $\delta^{15}N$ value of nitrate in soil would have decreased in the begining, and after completion of the reaction, the isotopic composition of nitrate would reach that of the originally added fertilizer. The data, however, indicate that in the first 3 days, there is even a loss of nitrate accompanied by an increase in its $\delta^{15}N$ value. This could be explained by postulating reactions which would result in an enrichment of the ^{15}N isotope in nitrate. Possible reactions are:

- Immobilization of nitrate by microorganisms which is known to cause enrichment of ^{15}N in the remaining nitrate [14]. Broadbent found by labelling experiments that immobilization of nitrate can also occur in soil [15].
- Denitrification: Although the incubation was carried out under aerobic conditions, there may be the possibility of some sites in the soil with limited supply of oxygen. In these points some denitrification would occur. It is known that denitrification leads to the enrichment of ^{15}N in the remaining nitrate [13, 16]. Denitrification under apparaently aerobic conditions was also observed [17].

Only after 5 days the nitrifying bacteria were sufficiently active to compete with the heterotrophes and nitrate was then produced at a significant rate. As expected, the $\delta^{15}N$ value of the produced nitrate decreased because the kinetics of the nitrification of ammonium favours the production of $^{14}NO_3^-$ at a higher rate than the heavier $^{15}NO_3^-$ [13]. The prolonged incubation of soil (after 33 days) led to a remarkable increase of the $\delta^{15}N$ value of ammonium with a subsequent increase of that of produced nitrate.

It can be concluded that the kinetics of the isotopic fractionation of nitrogen, on the addition of ammonium fertilizer to soil, reveal a very complicated picture because no one single reaction is responsible for this fractionation. On the contrary, the following reactions are working in the same time:

- Immobilization-mineralization turnover.
- Nitrification of ammonium to nitrate.
- Denitrification of nitrate.
- Loss of ammonia in basic soil due to volatilization.
- Isotopic exchange reaction between ammonia gas and ammonium ion in the liquid phase.

Received November 17, 1982
Accepted in revised form April 2, 1983

References

[1] *C. C. Delwiche*, Scientific American **223** (1970) 137
[2] *J. W. Gillian, R. B. Daniels, J. F. Lutz*, J. Environm. Quality **3** (1974) 174
[3] *F. Schwille*, GWF **110** (1969) 35
[4] *D. H. Kohl, G. B. Shearer, B. Commoner*, Science **174** (1971) 1331
[5] *H. D. Freyer, A. I. M. Aly*, Nitrogen-15 studies on identifying fertilizer excess in environmental systems, in: Isotope ratio as pollutant source and behaviour indicators. Vienna: FAO/IAEA 1975, p. 21
[6] *A. Mariotti, R. Letolle*, J. Hydrology **33** (1977) 157
[7] *A. I. M. Aly, M. A. Mohamed, E. Hallaba*, J. Radioanal. Chem. **67** (1981) 55
[8] *A. I. M. Aly*, ^{15}N Untersuchungen zur anthropogenen Störung des natürlichen Stickstoffzyklus, Ph. D. Thesis, Aachen University, West Germany, 1975

[9] *A. I. M. Aly, M. A. Mohamed, E. Hallaba*, Natural variations of ^{15}N content of nitrate in ground and surface waters and total nitrogen of soil in the Wadi El-Natrun area in Egypt, in: Stable Isotopes **1982**, p. 475, Anal. Chem. Symposia Series 11, Elsevier Scientific Publishing Company, Amsterdam, Oxford, New York

[10] *A. I. M. Aly, M. A. Mohamed*, Isotopenpraxis, **19** (1983) 67

[11] *A. I. M. Aly, H. Faust, E. Hallaba, M. A. Mohamed*, Arab J. Nucl. Sci. Applications **13** (1982) 145

[12] *I. Kirschenbaum, J. S. Smith, T. Crowell, J. Graff, R. McKee*, J. Chem. Phys. **15** (1947) 440

[13] *C. C. Delwiche, P. L. Steyn*, Environ. Sci. Technol. **4** (1970) 929

[14] *G. Shearer, J. Duffy, D. H. Kohl, B. Commoner*, Soil Sci. Soc. Am. Proc. **38** (1974) 315

[15] *F. G. Broadbent, T. B. Tyler*, Plant Soil **23** (1965) 314

[16] *S. H. Chien, G. Shearer, D. H. Kohl*, Soil Sci. Soc. Am. Proc. **41** (1977) 63

[17] *R. O. Marshall, H. L. Dishburger, R. MacVicar, G. D. Hallmark*, J. Bacteriol. **66** (1953) 254

Isotopenpraxis **20** (1984) 1, S. **29** bis 33

Praktische Dosimetrie an Gamma-Bestrahlungsanlagen

J. Schmidt, M. Remer

(Zentralinstitut für Isotopen- und Strahlenforschung Leipzig)[1]

In umschlossenen ^{60}Co-Bestrahlungsanlagen wurde mittels Halbleiterdioden und Strahlenfeldberechnungen die Energiedosisleistung an konkreten Einzelpunkten bestimmt und die erhaltenen Meßwerte mittels Isolinien graphisch dargestellt. Es wird gezeigt, daß die vorher gealterten und kalibrierten Siliziumhalbleiter im Dosisleistungsbereich von 0,1—25 kGy · h^{-1} bei einer nur geringen Temperaturabhängigkeit im Bereich von 20—60 °C als schnelle Routinemethode zur Dosimetrie gut geeignet sind und zur Überprüfung der gleichzeitig durchgeführten Strahlenfeldberechnungen dienten. Aus der Vielzahl der mit dem Computerprogramm DOSKMF2 erhaltenen Dosisleistungswerte wurde ein Teil mit den experimentellen Werten verglichen und die Adäquatheit des Berechnungsmodells nachgewiesen. Durch die Kombination beider Methoden konnten umfassende Aussagen über die optimale Beladung der Bestrahlungsanlage mit ^{60}Co-Strahlenquellen, die Homogenität des Strahlenfeldes, die Winkelabhängigkeit und günstige Konfigurationen für praktische Bestrahlungsexperimente gewonnen werden.

The energy dose rates of high activity ^{60}Co-irradiation units were determined with semiconductors and computing of radiation fields and as isodose rate curve plotted. Si-detectors prepared by ageing and calibration are suitable for practical measurings of high dose rates in the range from 0·1 to 20 kGy · h^{-1} with a little temperature dependence from 20 to 60 °C. Single points of radiation field computed by the code DOSKMF2 were compared with experimental dose rate values and the correctness of the chosen computing model was demonstrated. By combination of semiconductor dosimetry and computings of radiation fields the symmetrical distribution of the ^{60}Co-sources in the irradiation unit, the sufficient homogenity of the exposure rate field and the angle independence were pointed out.

Keywords

computer codes; dosemeters; gamma dosimetry; gamma radiation; isodose curves; mathematical models; measuring methods; semiconductor detectors

1. Einleitung

Zur Durchführung von Bestrahlungsexperimenten und der Ermittlung der Strahlenausbeute ist die Kenntnis der absorbierten Strahlenenergie eine wesentliche Voraussetzung. Dabei sind die Bestimmung der Energiedosis an einzelnen, konkreten Meßpunkten und die Erfassung des gesamten Strahlenfeldes zur Beurteilung seiner Struktur und Homogenität von gleichrangiger Bedeutung. Um beide Forderungen zu erfüllen, wurden nach der Neubeladung von zwei umschlossenen ^{60}Co-Gamma-Bestrahlungsanlagen in den Arbeitskammern dosimetrische Messungen und Strahlenfeldberechnungen gleichzeitig durchgeführt und ausgewertet.

Im Ergebnis der Suche nach einer geeigneten, schnellen Routinemethode zur Messung der Energiedosisleistung erwies sich aus der Vielzahl geprüfter Dosimetersysteme die Anwendung von Halbleiterdioden als besonders günstig. Wichtige Vorteile ergeben sich dabei aus der geringen Abmessung und mechanischen Festigkeit der Dioden, die die Dosimetrie in sehr kleinen Volumina auch in flüssigen und pulverförmigen Medien erlauben, und der einfachen Meßanordnung ohne zusätzlichen Betriebsstrom. Geringe Inhomogenitäten in Bestrahlungsfeld und Versuchsanordnungen sind somit nach Neu- oder Umladung von Bestrahlungsanlagen sowie im Routinebetrieb exakt meßbar. Durch das praktisch punktweise Dosimetrieren sind weiterhin der Vergleich und die Überprüfung von aus Strahlenfeldberechnungen erhaltenen Dosisleistungswerten gut möglich. Grundlage für die Strahlenfeldberechnung war die Schaffung eines geeigneten Berechnungsmodells und die genaue Fixierung der geometrischen Konfiguration des Systems der Strahlenquellen, des bestrahlten Objektes und der verschiedenen Abschirmschichten. Zur Berechnung wurde das im ZfI entwickelte Computerprogramm DOSKMF2 eingesetzt. Unter der Voraussetzung der Adäquatheit des Berechnungsmodells können somit umfangreiche Informationen zur Charakterisierung des Strahlenfeldes gewonnen werden. Durch die gemeinsame Anwendung von Strahlenfeldberechnung und experimenteller Dosimetrie wurden die Vorteile beider Methoden voll zur Wirksamkeit gebracht und die Aussagen vertieft.

[1]) Anschrift: DDR-7050 Leipzig, Permoserstr. 15

2. Halbleiterdosimeter

2.1. *Allgemeines*

Unter dem Einfluß ionisierender Strahlung treten in Halbleitern mit pn-Übergängen, auch ohne äußere Spannung, aufgrund des gestörten Gleichgewichtes der Ladungsträger Sperrströme auf und bieten somit die Möglichkeit, diesen Effekt für dosimetrische Zwecke zu nutzen. Der Kurzschlußstrom der Dioden läßt sich direkt in Abhängigkeit von der absorbierten Strahlungsenergie eichen [1, 2]. Angeregt durch Arbeiten von *Stenger* u. a. [3, 4] wurden Vorversuche mit verschiedenen serienmäßig industriell gefertigten Siliziumdioden durchgeführt, um die Größe des Kurzschlußstromes und die Änderung der Empfindlichkeit der Dioden in Abhängigkeit von der Bestrahlung zu prüfen. Der induzierte Kurzschlußstrom wurde mit dem Meßinstrument DC-Milli-Pico-Meter MV40 (Präcitronic Dresden) gemessen und lag im Bereich von $10^{-9}-10^{-5}$ A bei Bestrahlungsdosen von 1 – 500 kGy. Es zeigte sich in Übereinstimmung mit [5 – 7], daß mit Zunahme der applizierten Dosis eine Alterung der Diode eintritt, die auf irreversible Veränderungen im Kristall zurückzuführen ist. Da nach einer bestimmten applizierten Bestrahlungsdosis die Abnahme der Empfindlichkeit der Diode relativ gering ist und damit in einem kleinen Dosisbereich praktisch unabhängig von der Dosis, läßt sich die lineare Abhängigkeit des Diodenstromes von der Dosisleistung ($\dot{D}$) zur Messung von $\dot{D}$ nutzen. Es konnte weiterhin bestätigt werden, daß p-Siliziumdioden aufgrund einer kleineren Schädigungskonstante gegenüber n-Si besser als Halbleiterdetektoren geeignet sind. Aus der Vielzahl der getesteten Dioden wurden deshalb die Siliziumdioden vom Typ SY 320 und SY 202 ausgewählt und zum Schutz gegen äußere Einflüsse mit Expoxidharz überzogen.

2.2. *Kalibrierung*

Die angestrebte praktische Linearität des Diodenstromes von der Energiedosisleistung wird erst nach einem gewissen Alterungsprozeß infolge der Bestrahlung erreicht. Wie aus Abb. 1 ersichtlich ist, läßt sich der Alterungsprozeß in zwei Teilprozesse zerlegen. Unter dem Einfluß der γ-Strahlung ($\dot{D} = 5$ kGy $\cdot$ h^{-1}) tritt bei den Dioden SY 320 bis zu Dosen von etwa 40 kGy ein Anstieg des Kurzschlußstromes, infolge der zusätzlichen Bildung von Elektronen-Löcher-Paaren, um etwa 20% auf. Im weiteren Bestrahlungsverlauf nimmt der Strom zuerst relativ schnell ab. Im zweiten Teilprozeß ab etwa 200 kGy wird die Empfindlichkeitsabnahme geringer. Die Dioden SY 202 zeigen demgegenüber von Bestrahlungsbeginn an einen Abfall des Diodenstromes, der anfangs bis etwa 30 kGy rasch und ab etwa 100 kGy mit einem konstanten Abfall verläuft. Die geringe Änderung des induzierten Diodenstromes ab etwa 100 kGy von $\leqq 0{,}1$ nA/kGy kann bei kurzen Meßzeiten und damit einer geringen Zunahme der Integraldosis unter praktischen Bedingungen vernachlässigt werden. Die Dioden sind nach der künstlichen Alterung als Halbleiterdetektoren zur Messung der Energiedosisleistung einsetzbar. Die Unterschiede in der Strahlenresistenz der einzelnen Dioden sind auf unterschiedliche Herstellungsparameter zurückzuführen und zeigen, daß die Dioden gleichen Typs nicht ohne weiteres austauschbar sind.

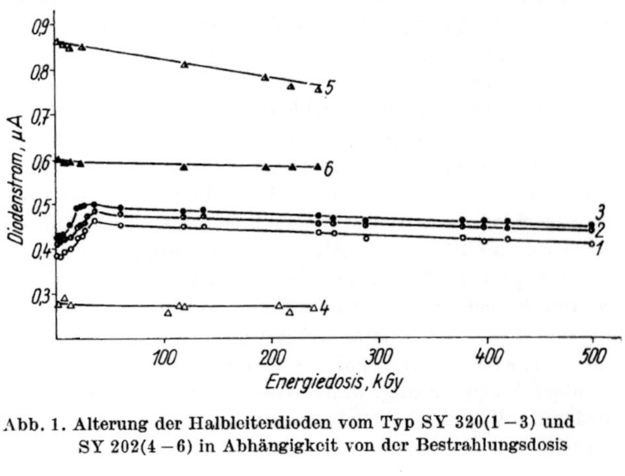

Abb. 1. Alterung der Halbleiterdioden vom Typ SY 320(1 – 3) und SY 202(4 – 6) in Abhängigkeit von der Bestrahlungsdosis

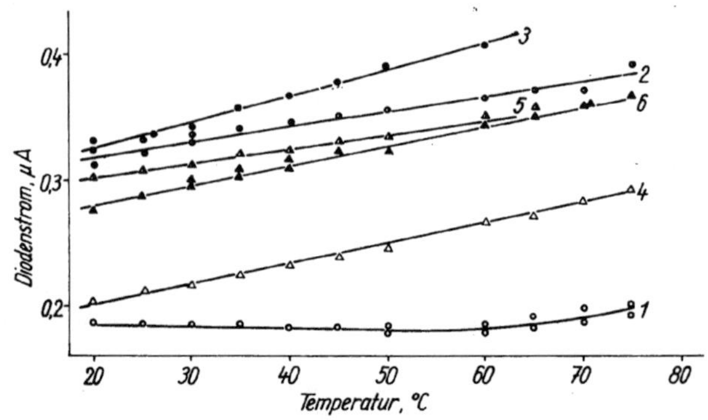

Abb. 2. Temperaturabhängigkeit der Halbleiterdioden SY 320 (1 – 3) und SY 202(4 – 6), Dosisleistung 5 kGy $\cdot$ h^{-1}

Eine weitere Größe, die die elektrischen Eigenschaften der Halbleiterdioden beeinflußt und bei einer Anwendung als Dosimeter beachtet werden muß, ist die Abhängigkeit von der Umgebungstemperatur. Dabei waren für uns vor allem die unter Versuchsbedingungen vorkommenden Temperaturen im Bereich von 20 – 70 °C von Interesse. Die Untersuchungen bei konstanter Dosisleistung von 5 kGy $\cdot$ h^{-1} zeigen einen linearen Anstieg des Diodenstromes mit wachsender Temperatur (Abb. 2). Die Strom-Temperatur-Kurven der einzelnen Dioden unterscheiden sich dabei in ihrem Anstieg. Die Strom-Temperaturen-Koeffizienten für die einzelnen Dioden haben folgende Werte:

Diode SY	nA/°C
320/1	bis 60 °C konst.
/2	1,3
/3	2,1
202/4	1,7
/5	1,1
/6	1,5

Einen sehr geringen Temperatureinfluß, aber auch geringen Diodenstrom, weist die Diode SY 320/1 auf. Der Temperaturkoeffizient der anderen Dioden beträgt zwischen 20 und 70 °C durchschnittlich 0,5%/°C. Die Kalibrierung der vorbehandelten Dioden als Dosisleistungsmeßsonde erfolgte über Chlorbenzol- und *Fricke*-Dosimeter an den γ-Bestrahlungsanlagen des ZfI Leipzig und des Instituts für Isotope Budapest im Dosisleistungsbereich von 0,1 – 25 kGy $\cdot$ h^{-1} bei konstanter Temperatur. Der induzierte Diodenstrom zeigt eine lineare Abhängigkeit von der Dosisleistung (Abb. 3).

Die Energiedosisleistung ist somit durch die Funktion $\dot{D} = k \cdot I$ schnell bestimmbar.

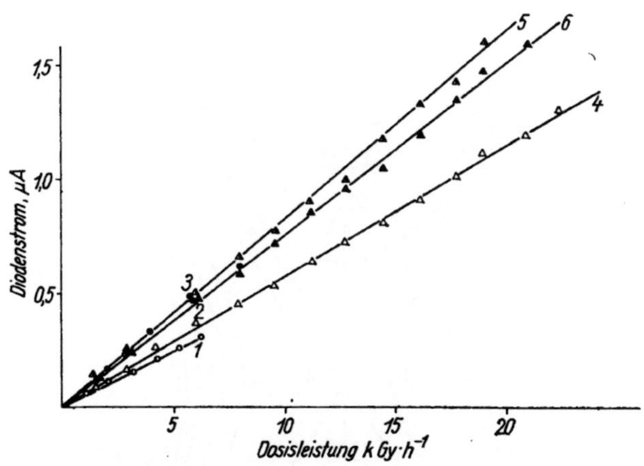

Abb. 3. Eichkurve für Halbleiterdioden SY 320(1–3) und SY 202(4–6), Temperatur konstant

Folgende k-Werte wurden ermittelt:

Diode SY	k, $\frac{kGy \cdot h^{-1}}{nA}$
320/1	21
/2	13
/3	13
202/4	19
/5	12
/6	13

Eine Empfindlichkeitsänderung der Dioden durch Lagerung konnte nicht festgestellt werden. Bei Einhaltung kurzer Meßzeiten im Strahlenfeld im Minutenbereich ist eine Vielzahl von Messungen ohne Nacheichung der Dioden möglich.

3. Strahlenfeldberechnungen

Strahlenfeldberechnungen stellen seit längerer Zeit eine wirkungsvolle Ergänzung zu den Methoden der experimentellen Dosimetrie dar. Mit ihrer Hilfe ist es nicht nur möglich, real existierende Strahlenfelder nachzubilden, sondern als Simulationsmittel eingesetzt, gestatten sie Entwurf und Optimierung sowohl bestehender als auch neuer Bestrahlungsanlagen. Von entscheidendem Einfluß für die Güte solcher Rechnungen ist die Adäquatheit des Modells.

Grundlegende Parameter für die Beschreibung von Strahlenfeldern sind die geometrische Konfiguration der Strahlenquellen, des bestrahlten Objektes und möglicher Abschirmschichten selbst und die Art ihrer Anordnung zueinander. Aus der konkreten Form resultieren nun eine Vielzahl entsprechender Berechnungsvorschriften. Übersichten dazu findet man beispielsweise in [8, 9].

Im ZfI steht für die Berechnung von Strahlenfeldern in ^{60}Co-γ-Bestrahlungsanlagen das Rechenprogramm DOSKMF2 als Weiterentwicklung von DOSKMF und DOSKMF1 [10] zur Verfügung. Seine Haupteinsatzgebiete sind die Berechnung von Strahlenfeldern in real existierenden Bestrahlungsanlagen zum Zwecke der Modifikation und/ode Optimierung und die Nutzung als Projektierungshilfsmittel beim Entwurf neuer Anlagen einschließlich der biologischen Abschirmung.

Die Entwicklung und Überprüfung des Programms wurde in enger Wechselwirkung mit dosimetrischen Methoden vorgenommen. Der praktische Einsatz erfolgte bisher an verschiedenen Bestrahlungsanlagen sowohl für Forschungszwecke als auch im kleintechnischen Maßstab. Bei der Realisierung wurde von folgenden Voraussetzungen ausgegangen. Auf der Basis eines relativ einfachen Grundmodells wird durch die Realisierung einer Vielzahl organisatorischer Varianten und einer Reihe weiterer nutzerfreundlicher Maßnahmen die Anpassung an vielfältige praktische Anforderungen ermöglicht. Das Grundmodell besteht in der Berechnung der Dosisleistung, die ein System von Strahlenquellen in einem Feldpunkt P_0 bewirkt. Voraussetzungen und Leistungsumfang sind in [10, 11] dargestellt. Die wesentlichsten Fakten seien hier kurz zusammengefaßt.

- Es können Punkt- und Linienquellen berücksichtigt werden.
- Der Dosisaufbaufaktor für eine einzelne Schicht wird durch die *Taylor*-Formel approximiert.
- Der Dosisaufbaufaktor von Mehrschichtsystemen wird als multiplikativer Ansatz erfaßt.
- Die geometrische Konfiguration einer Bestrahlungsanlage wird durch 2 Koordinatensysteme beschrieben. Das erste dient der Festlegung der Anordnung der Strahlenquellen und das zweite zur Beschreibung des bestrahlten Objektes, einschließlich der Abschirmschichten, die in Form konzentrischer Kreise berücksichtigt werden können.
- Die Strahlenquellen können sich sowohl inner- als auch außerhalb der Abschirmschichten befinden.

Mit diesem Grundmodell können umfangreiche Bestrahlungskonfigurationen berechnet werden. Die Vorgabe der Feldpunkte kann in Zylinder- oder Quaderkoordinaten erfolgen. Durch Angabe von Anfangs- und Endwerten, sowie einer Schrittweite für jede Dimension können Strahlenfelder in ausgewählten Volumina und Ebenen ermittelt werden. Gleichzeitig werden eine Reihe statistischer Meßzahlen zur Unterstützung einer schnellen Beurteilung der resultierenden Strahlenfelder bereitgestellt. Für eine detaillierte Darstellung steht außerdem das Programm ISORADL zur Verfügung. Es gestattet, von DOSKMF2 bereitgestellte Werte, in Form von Isolinien auf dem automatischen Zeichengerät DIGIGRAF darzustellen. DOSKMF2 ist in PL1 geschrieben und läuft auf einem Rechner ES 1040 Betriebssystem OS/ES. Der Hauptspeicherbedarf ist problemabhängig und beträgt mindestens 100 K Byte.

4. Dosimetrie an umschlossenen Bestrahlungsanlagen

Die Strahlenfeldberechnungen und dosimetrischen Messungen erfolgten an den umschlossenen ^{60}Co-Bestrahlungsanlagen der Typen „Issledovatel“ und „RCH-γ-20“. Da sich beide Anlagen im wesentlichen nur durch die zusätzlichen 6 Seitenkammern an der „RCH-γ-20“ unterscheiden, soll der Aufbau der Anlage und das dosimetrische Meßverfahren an der erstgenannten erläutert werden.

4.1. *Bestrahlungsanlage „Issledovatel“*

Wie in Abb. 4 dargestellt, besteht die Bestrahlungsanlage aus einem Bleicontainer (1), in dessen Zentrum sich der Kassettenkorb mit 36 Rohren (2) zur Aufnahme der ^{60}Co-Quellen (3) befindet. Die Arbeitskammer (4) zwischen Pfropfen (5) und Stock (6) kann mit dem Bestrahlungsobjekt durch einen Bewegungsmechanismus in die Bestrahlungszone innerhalb des Kassettenkorbs eingefahren werden. Durch die Rohrdurchführungen (7) im Pfropfen können Dioden (8), Thermoelemente (9) u. a. in der Arbeitskammer über Drähte mit Meßgeräten außerhalb der Bestrahlungszone verbunden werden. Die Beladung der Anlage mit ^{60}Co-Quellen unterschiedlicher Aktivität erfolgte nach einem vorherberechneten Beladeschema zur Erzielung einer großen Strahlenfeldhomogenität, dabei wurden jeweils 3 Quel-

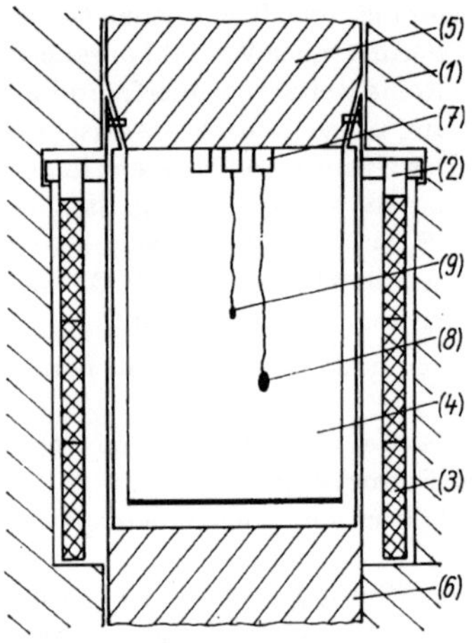

Abb. 4. Ausschnitt einer umschlossenen ^{60}Co-Bestrahlungsanlage

len übereinander in ein Kassettenrohr eingebracht und auf eine symmetrische Verteilung auf die einzelnen Rohre entsprechend ihrer Aktivität geachtet.

4.2. *Dosimetrische Messungen*

Die Messung der Energiedosisleistung in der Bestrahlungszone (Arbeitskammer) erfolgte mit den unter Pkt. 2 vorbehandelten Halbleiterdioden. Die Meßanordnung bestand aus einem auf dem Tisch der Arbeitskammer fixierten Gestell, in dem sich im Mittelpunkt 1 Reagenzglas, im Radius 2 und 3,5 cm je 4 und im Radius 5 cm 8 Reagenzgläser im gleichmäßigen Abstand zueinander zur Aufnahme der Dioden befanden. Das Verbindungskabel von der Diode zum Meßgerät führte durch die Rohre im Pfropfen nach außen. Nach Einsetzen der Dioden in ein Reagenzglas (damit auf einen bestimmten Radius und Winkel) auf die Höhe Null (Arbeitstischniveau) wurde die Arbeitskammer in die Bestrahlungszone eingefahren und der induzierte Diodenstrom am Meßgerä t„MV40" abgelesen. Durch sukzessives Herausziehen des markierten Verbindungskabels konnte die Diode ohne Unterbrechung der Bestrahlung in eine andere Höhe gebracht werden. Damit war es möglich, in relativ kurzer Zeit mit einer Diode in einer fixierten horizontalen Position die Arbeitskammer in der Höhe auszudosimetrieren. Bei diesen Messungen wurde die Dosisleistung von jeweils 9 Höhenpositionen bestimmt. Durch den Einsatz mehrerer Dioden konnte die Dosisleistung gleichzeitig auf den verschiedenen Radien und Höhen ohne Bestrahlungsunterbrechung vermessen werden. Insgesamt wurden mit dieser Anordnung 153 Einzelpunkte in der Arbeitskammer mehrfach mittels Halbleiterdioden ausdosimetriert. Die in der Bestrahlungszone gemessenen Dosisleistungswerte sind in Abb. 5 in Form von Isolinien dargestellt. Es ist ersichtlich, daß die Inhomogenität in der Bestrahlungszone mit weniger als 15% in einem Volumen mit dem Parameter Radius 5 cm und Höhe 16 cm relativ gering ist.

4.3. *Durchgeführte Strahlenfeldberechnungen*

Die Positionen der Führungsrohre und Strahlenquellen wurden entsprechend dem Beladeschema der Bestrahlungsanlage fixiert. Für jede Strahlenquelle wurden Aktivität und zugehöriges Bezugsdatum laut Zertifikat bereitgestellt. Da das Strahlenfeld innerhalb des Kassettenkorbes von Interesse ist, sind die beiden Koordinatensysteme für Strahlenquellen und bestrahltes Objekt deckungsgleich. Entsprechend dem Schema in Abb. 4 werden zwischen Arbeitskammer und Kassettenkorb folgende Abschirmschichten berücksichtigt: 2 mm Eisen, 3 mm Luft, 1 mm Eisen, 3 mmLuft, 2 mm Eisen.

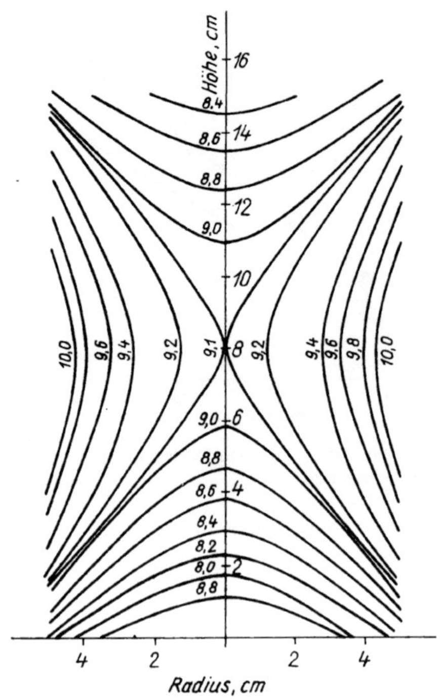

Abb. 5. Experimentell ermittelte Isodosisleistungslinien (kGy · h^{-1}) in der Bestrahlungszone der Anlage „Issledovatel"

Zur quantitativen und qualitativen Bewertung der resultierenden Strahlenfelder und zum Vergleich beider Methoden wurde für nachfolgende Feldpunkte die Dosisleistung errechnet.

– Für den unmittelbaren Vergleich wurden 153 Feldpunkte berücksichtigt, die auch durch Halbleiterdosimetrie vermessen wurden (s. Pkt. 4.2.).
– Zur Untersuchung der Winkelabhängigkeit wurde bei festem h und r der Winkel φ zwischen 0 und 360° variiert und gleichzeitig die mittlere Dosisleistung für die entsprechenden Kreise ermittelt. Zur Beurteilung der Homogenität wurden Streuung um den Mittelwert, Minimum, Maximum und Spannweite der Dosisleistungswerte pro Kreis bereitgestellt. Die Höhe h und der Radius r wurden wie folgt variiert:

  $h = 0$ cm (4 cm) 8 cm
  $r = 1$ cm (1 cm) 7 cm

– Für die komplexe Bewertung des resultierenden Strahlenfeldes wurden insgesamt berücksichtigt:

  $h = 0$ cm (1 cm) 16 cm
  $r = 0$ cm (1 cm) 7 cm

Der Winkel φ wurde so gewählt, daß der Abstand zweier Feldpunkte auf einem Radius gleichfalls 1 cm beträgt. Damit wurden für jede Kreisfläche mit 14 cm Durchmesser 178 näherungsweise gleichverteilte Feldpunkte berechnet, d. h. 1 Feldpunkt/cm². In Abb. 6 wird die Dosisleistung bei $\varphi = 0$ in Abhängigkeit von Radius und Höhe dargestellt.

5. Diskussion der Ergebnisse

Für die Beurteilung von Strahlenfeldern ist die Adäquatheit des Berechnungsmodells von großer Bedeutung. Der entsprechende Nachweis erfolgt durch den unmittelbaren

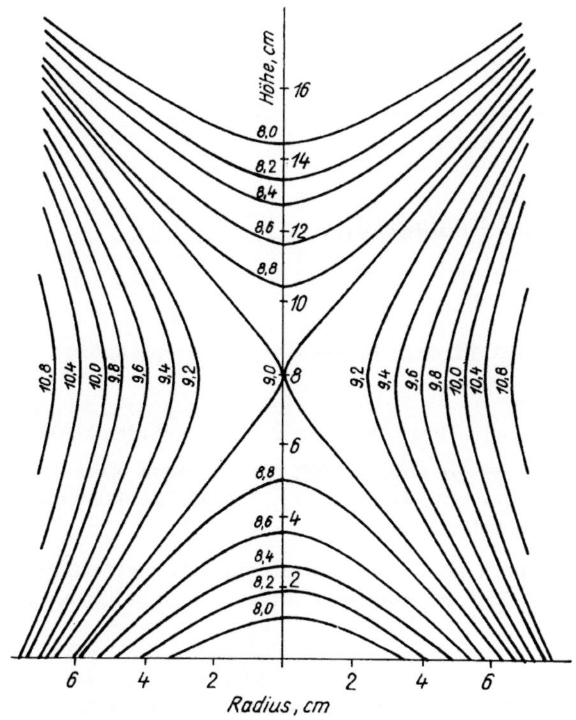

Abb. 6. Errechnete Isodosisleistungslinien (kGy · h⁻¹) in der Bestrahlungszone der Anlage „Issledovatel"

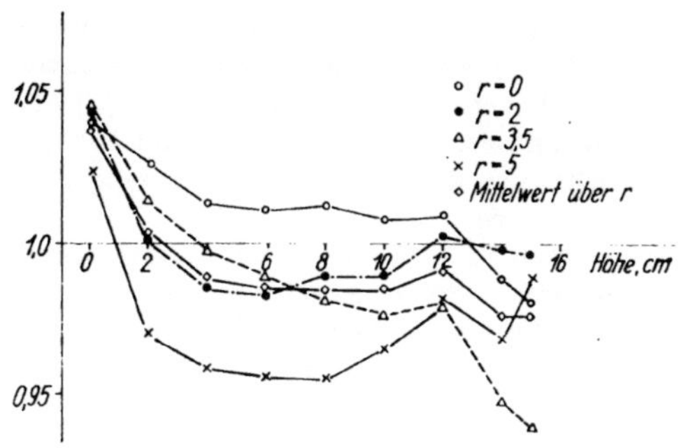

Abb. 7. Verhalten des Quotienten aus errechneter und gemessener Dosisleistung in Abhängigkeit von der Bestrahlungshöhe

Vergleich von berechneten und gemessenen Werten. Verglichen werden die Dosisleistungswerte für 9 Höhen und jeweils 4 Radien. Die berechneten Werte ergeben sich als Mittelwerte für feste Höhe und Radius, gerundet auf 2 Stellen, nachdem zuvor über den Winkel φ variiert wurde. Die Zulässigkeit dieser Vorgehensweise konnte gezeigt werden, indem für die betrachteten Höhen und Radien die Mittelwerte und Streuungen pro Kreisring berechnet wurden. Wir erhalten für $r \leq 5$ cm eine Streuung unter 0,2%, die bis $r = 7$ cm auf etwa 1,5% ansteigt. Diese Aussage bestätigt die bereits bei den experimentellen Untersuchungen gefundene Winkelunabhängigkeit. Die Meßwerte aus der Halbleiterdosimetrie werden ebenfalls durch Mittelwerte mehrerer Messungen für gleiche Höhen und Radien repräsentiert.

Zur Beurteilung der erzielten Resultate wurde der Quotient aus errechneter und gemessener Dosisleistung ($\dot{D}$ errechnet/$\dot{D}$ gemessen) herangezogen und in Abb. 7 dargestellt. Die Tatsache, daß zum einen alle Quotienten nahe 1 liegen und zum anderen ihr Gesamtmittelwert 0,992 beträgt, gestattet den Schluß, daß eine sehr gute Übereinstimmung von Experiment und Rechnung gegeben ist. Dies gilt insbesondere, wenn man berücksichtigt, daß die experimentellen Werte aus der Halbleiterdosimetrie als Relativmethode auch fehlerbehaftet sind. Aus Abb. 7 ist weiterhin die fallende Tendenz der Mittelwerte in Abhängigkeit von der Höhe erkennbar. Für die unteren Höhen ist der Quotient größer 1, d. h., es wird weniger gemessen als berechnet. Eine mögliche Ursache ist, daß real stärkere Abschirmschichten auftreten, als im Programm erfaßt wurden. Aus Abb. 4 ist dieser Sachverhalt erklärbar. Für die unteren Niveaus wirken am stärksten die jeweils unteren Quellen. Sie befinden sich 4 cm unter Nullniveau, so daß die Bodenplatte der Arbeitskammer (mit 2,5 mm Stärke) und gegebenenfalls auch der untere Stopfen als zusätzliche Abschirmung wirksam werden. Ab $h = 4$ cm ist dann im Mittel nahezu Konstanz erreicht, d. h., die im Rechenprogramm getroffenen Annahmen spiegeln die realen Bedingungen quantitativ und qualitativ gut wider. Damit findet auch die Art der Einrechnung des Aufbaufaktors seine Bestätigung. Während die dosimetrischen Untersuchungen auf Radien ≤ 5 cm beschränkt blieben (vgl. Abb. 5), war es mit dem Rechenprogramm möglich, den Bereich bis $r = 7$ cm darzustellen (Abb. 6). Da die gewählten Parameter von Bestrahlungsanlage und Abschirmung die realen Bedingungen gut widerspiegeln, können sie in Verbindung mit dem Programm DOSKMF2 für weitergehende Rechnungen, wie z. B. Überprüfung des Beladeschemas oder Bestimmung von mittleren Dosisleistungen in ausgewählten Volumina genutzt werden.

Durch die kombinierte Anwendung von experimenteller Dosimetrie und Strahlenfeldberechnung sowie einer wechselseitigen Beeinflussung beider Methoden konnten deren Leistungsfähigkeit genauer eingeschätzt, die Vorteile besser genutzt und die resultierenden Strahlenfelder letztendlich umfassender charakterisiert werden.

Eingegangen am 30. 5. 1983

Literatur

[1] *R. P. Parker, B. J. Morley*, SM-78/40
[2] *R. Bäuerlein, K. Wohlleben*, Raumforschung 1 (1968) 16
[3] *Z. Horvàth, V. Stenger, G. Földiak*, Dosimetrie an γ-Bestrahlungsanlagen, Lehrkurs Ungarische Akademie der Wissenschaften, Budapest 1976
[4] *M. Osvay, V. Stenger, G. Földiak*, IAEA-SM-193/60
[5] *K. Zander*, Nachrichtentechn. Zeitschrift 7 (1973) 305
[6] *M. Osvay, K. Tarczy*, phys. stat. sol (a) 27 (1975) 285
[7] *U. Nemsmann, U. J. Roose*, Atomenergie (ATKE) 17 (1971) 274
[8] *R. G. Jaeger* (ed.) Engineering Compendium on Radiation Shielding, Vol. 1. New York: Springer-Verlag 1968
[9] *O. J. Wallace*, Analytic Flux Formulas and Tables of Shielding Functions. Bettis Atomic Power Lab., WAPD-TM-1453, 1981
[10] *M. Remer*, Programmbeschreibung DOSKMF1, Archiv der Abt. IRZ1, Archivnr. 6J01J2, ZfI Leipzig, 1976
[11] *M. Remer*, DOSKMF2 – A Contribution to the Computer-Aided Design of Dose Rate Distributions. 2. Working Meeting „Radioisotope Application and Radiation Processing in Industry", ZfI-Mitt. Nr. 71 (1983) 47

Isotopenpraxis 20 (1984) 1, S. 34 bis 37

Aus der Praxis

Neue Rechtsvorschriften über die Erfassung und Endlagerung radioaktiver Abfälle in der DDR

Keywords

German Democratic Republic; legal aspects; radioactive waste disposal; radioactive wastes; regulatory guides; safeguards; safety standards; waste management

1. Einleitung

Im Ergebnis einer langjährigen Forschungsarbeit wurde in der DDR ein System der zentralen Erfassung und Endlagerung radioaktiver Abfälle im industriellen Maßstab geschaffen, das den Bedürfnissen der Volkswirtschaft entspricht und in hohem Maße den Schutz der Bevölkerung vor ionisierender Strahlung gewährleistet. Zur Durchsetzung und optimalen Nutzung dieses Systems wurden mit der

- Anordnung über die zentrale Erfassung und Endlagerung radioaktiver Abfälle [1]
- Anordnung über die Allgemeinen Leistungsbedingungen für die zentrale Erfassung und Endlagerung radioaktiver Abfälle [2]
- TGL 190-921. Fachbereichstandard Zentrale Erfassung radioaktiver Abfälle, Blatt 1–5 [3] sowie der
- Anordnung über die Preise für die Erfassung und Endlagerung radioaktiver Abfälle [4]

eine Reihe von Rechtsvorschriften erlassen, deren Strahlenschutzaspekte in diesem Artikel in kurzer Form dargelegt werden sollen. Eine ausführliche Besprechung zu [1] ist im Report SAAS-288 [5] erschienen.

2. Definition und Klassifizierung radioaktiver Abfälle

Übereinstimmend mit [6] werden radioaktive Abfälle als radioaktive bzw. radioaktiv kontaminierte Stoffe definiert, die

- keiner weiteren Nutzung zugeführt werden können und
- festgelegte Grenzwerte¹) zur Aktivität, Aktivitätskonzentration, Dosisleistung, Oberflächenkontamination überschreiten.

In Abb. 1 ist die Begriffsbestimmung für radioaktive Abfälle, die der zentralen Erfassung unterliegen, dargestellt.

Aus technologischen Gründen war es für den Transport und die Endlagerung notwendig, die allgemein übliche Klassifizierung in niedrig-, mittel- und hochaktive Abfälle zu präzisieren, indem eine parallele Einteilung nach der stofflichen Beschaffenheit (Abfallarten (A)) und nach dem Aufwand für den Strahlenschutz (Strahlenschutzgruppen (S)) vorgenommen wurde, die aus Tab. 1 und 2 ersichtlich ist [2]. Bei festen und flüssigen Abfällen entsprechen die Strahlenschutzgruppen S1 und S2 den niedrigaktiven Abfällen, die nach den Transportvorschriften [7] als radioaktive Stoffe geringer spezifischer Aktivität II (LSA II) in handelsüblicher Verpackung ohne Abschirmung in geschlossener Ladung transportiert werden können. Für die Strahlenschutzgruppen S3 ... S5, die den mittelaktiven Abfällen zuzuordnen sind, werden Abschirmungen benötigt. Für umschlossene Strahlenquellen der Strahlenschutzgruppen S1 ... S4 kommen Verpackungen des Typs A zum Einsatz.

¹) Z. Zt. gelten die im § 22 (3) der 1. Durchführungsbestimmung zur Strahlenschutzverordnung enthaltenen Grenzwerte.

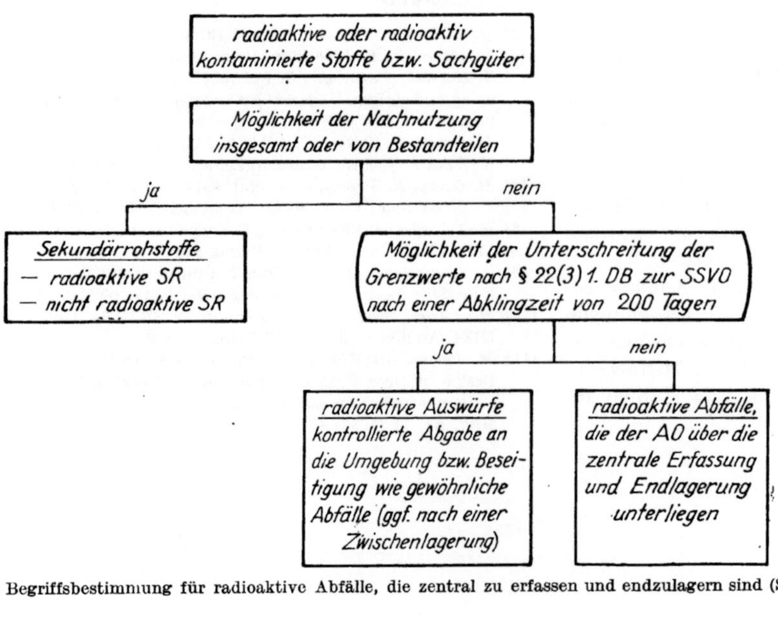

Abb. 1. Begriffsbestimmung für radioaktive Abfälle, die zentral zu erfassen und endzulagern sind (SR = Sekundärrohstoffe)

Tab. 1. Unterteilung der radioaktiven Abfälle nach ihrer stofflichen Beschaffenheit (nach Abfallarten)

Abfallart	Beschreibung
A 1	feste Abfälle mit β, γ-Strahlern; Aktivitätskonzentration von α-Strahlern <0,4 GBq/m³
A 2	flüssige wäßrige Abfälle (5 < pH < 9) mit β, γ-Strahlern; Aktivitätskonzentration von α-Strahlern <0,4 GBq/m³; Gehalt an flüssigen organischen Substanzen <1 Vol-%
A 3	umschlossene Strahlenquellen (außer A 4.9); Strahlenquellen, die nicht mehr den Anforderungen an eine umschlossene Strahlenquelle entsprechen, sind in A 4.10 einzuordnen
A 4	Sonderabfälle
A 4.1	feste faul- und gärfähige Abfälle
A 4.2	flüssige wäßrige Abfälle mit pH-Werten <5 und >9
A 4.3	flüssige organische Abfälle
A 4.4	gasförmige Abfälle und Abfälle, die unter Transport- bzw. Lagerbedingungen Gase entwickeln und/oder Radionuklide freisetzen
A 4.5	radioaktive Abfälle mit Giften der Abt. 1
A 4.6	chemisch stark reaktionsfähige Stoffe (z.B. explosive und selbstentzündbare Substanzen)
A 4.7	sperrige feste Abfälle (Abmessungen >200 l-Faß)
A 4.8	Abfälle in offener Form, die α-Strahler >0,4 GBq/m³ enthalten
A 4.9	Neutronenquellen
A 4.10	sonstige Abfälle

Tab. 2. Unterteilung der radioaktiven Abfälle nach der Äquivalentdosisleistung, Aktivitätskonzentration bzw. Aktivität (nach Strahlenschutzgruppen)

Strahlenschutzgruppe	feste Abfälle (A1) Äquivalentdosisleistung in 0,1 m Entfernung von der unabgeschirmten Oberfläche mSv/h	flüssige Abfälle (A2) Aktivitätskonzentration GBq/m³	umschlossene Strahlenquellen (A3) Aktivität je Quelle GBq
S 1	$>10^{-3}$ ... 2	$>x_1$ ... 4	$>x_2$ ... 0,2
S 2	>2 ... 10	>4 ... 40	>0,2 ... 2
S 3	>10 ... 100	>40 ... 400	>2 ... 20
S 4	>100 ... 500	>400 ... 4000	>20 ... 200
S 5	$>500 ... 10^3$	$>4 \cdot 10^3 ... 4 \cdot 10^4$	$>200 ... 10^6$
S 6	$>10^3$	$>4 \cdot 10^4$	$>10^6$

x_1 Aktivitätskonzentration gemäß § 22 Abs. 3 der 1. DB vom 26. November 1969 zur Strahlenschutzverordnung (GBl. II Nr. 99 S. 635)

x_2 Freigrenze gemäß § 10 der 1. DB zur SSVO

Für hochaktive feste und flüssige Abfälle (Strahlenschutzgruppe S6) und bei umschlossenen Strahlenquellen (Strahlenschutzgruppen S5 und S6) sind Verpackungen vom Typ B vorgeschrieben.

3. Grundsätze für die Sammlung, Bearbeitung, Zwischenlagerung, Erfassung und Endlagerung radioaktiver Abfälle

Mit dem Inkrafttreten der o. g. Rechtsvorschriften wurden folgende Grundsätze rechtsverbindlich:

3.1. Geltungsbereich

Für die radioaktiven Abfälle aus Kernkraftwerken, dem Umgang mit radioaktiven Stoffen und dem Betrieb von Strahleneinrichtungen, die umschlossene Strahlenquellen enthalten, gelten einheitliche Vorschriften. In ihrer Anwendung sind nach Möglichkeit die unterschiedlichen Bedingungen der Abfallieferer zu berücksichtigen.

3.2. Inhalt der zentralen Erfassung und Endlagerung

Der zentralen Erfassung und Endlagerung unterliegen alle radioaktiven Abfälle, die nach einer Abklingzeit von 200 d die festgelegten Grenzwerte noch überschreiten. Bei Grenzwertunterschreitung sind die Abfälle von den Abfallieferern nach den Bestimmungen des Landeskulturgesetzes [8] zu beseitigen.

Die Erfassung ist im rechtlichen Sinne der Übergang der Verantwortung vom Abfallieferer zum Endlager, im technischen Sinne stellt er den Transportvorgang vom Entstehungsort der Abfälle zum Standort des Endlagers dar.

Die Endlagerung ist als das Einbringen der Abfälle in einen Ort definiert, der die Isolation der Radionuklide von der Umwelt bis zur Unterschreitung der Grenzwerte gewährleistet. Bei der Endlagerung radioaktiver Abfälle im Untergrund wirkt ein System von Sicherheitsbarrieren, das die Ausbreitung der Radionuklide verhindert bzw. verzögert [9]. Für niedrig- und mittelaktive Abfälle aus Kernkraftwerken und der Anwendung von Radionukliden mit Halbwertszeiten ≦30 a, beträgt die erforderliche Isolationszeit einige 100 a. Die Wirksamkeit der Sicherheitsbarrieren schließt eine Rückholbarkeit von endgelagerten Abfällen aus. Wird eine spätere Nutzung angestrebt, so sind diese Stoffe nicht der End- sondern einer Zwischenlagerung zuzuführen.

3.3. Einheit von Abfallerzeugung und -beseitigung

Bereits bei der Planung, Vorbereitung und Durchführung von Investitionen/Prozessen, in deren Ergebnis radioaktive Abfälle entstehen, sind die notwendigen Maßnahmen zur Sammlung, Bearbeitung, Zwischenlagerung und Übergabe zur zentralen Erfassung zu berücksichtigen. Eine Lösung der Abfallfrage „im Nachgang" ist unzulässig.

3.4. Nutzung von Sekundärrohstoffen

Für eine effektive Gestaltung der Stoffwirtschaft sind vorrangig vor der Abfallbeseitigung radioaktive Stoffe oder Bestandteile davon der Nutzung als Sekundärrohstoffe zuzuführen, wobei auch eine überbetriebliche Nutzung zu prüfen ist. Für eine Nachnutzung können sowohl die Radionuklide als auch die nicht-radioaktiven Inhaltsstoffe nach der Durchführung von Reinigungs- und Dekontaminationsverfahren in Frage kommen. Zur Nachweisführung, daß die Abfälle *keine nutzbaren Sekundärrohstoffe* enthalten, werden folgende Angaben gefordert:

- Aufstellung der in den Abfällen enthaltenen Sekundärrohstoffe insgesamt
- Vorlage einer Kosten-Nutzen-Analyse zur Rückgewinnung bzw. zum Einsatz als Sekundärrohstoff im Verhältnis zur Erfassung und Endlagerung als radioaktiver Abfall

– Ergebnisbericht von F/E-Arbeiten zur Nachnutzung
– Gutachten wissenschaftlich-technischer Institutionen
– Stellungnahmen von Bilanzorganen für gleiche oder ähnliche Produkte/Primärrohstoffe.

3.5. *Minimierung des Abfallaufkommens*

Zur Minimierung des Abfallaufkommens sind geschlossene Stoffkreisläufe und abfallarme Technologien z.B. unter Einsatz von Radionukliden mit Halbwertszeiten ≤ 20 d anzustreben.

Radioaktive Abfälle, die der zentralen Erfassung unterliegen, sind getrennt von allen anderen Abfällen zu sammeln. Durch eine Abfallbearbeitung sind die Radionuklide in einem kleinen Volumen zu konzentrieren, während die gereinigten Medien dem Prozeß bzw. der Umwelt wieder zugeführt werden. Die Bearbeitungskonzentrate sind in einer den Übergabe-/Übernahmebedingungen [2, 3] entsprechenden Form, d. h. mit Eigenschaften, welche den Strahlenschutz bei der Durchführung der Erfassung und Endlagerung gewährleisten, dem Endlager zu übergeben.

4. Organisation der zentralen Erfassung und Endlagerung

Auf dem Gebiet der radioaktiven Abfälle gilt das Verursacherprinzip. Für die innerbetriebliche Sammlung, Bearbeitung, Zwischenlagerung und Übergabe zur zentralen Erfassung sind die Abfallieferer verantwortlich. Für die Durchführung der zentralen Erfassung und Endlagerung ist der damit beauftragte Betrieb[2]) verantwortlich. Die Verantwortung schließt den Schutz vor unbefugten Eingriffen und die Nachweisführung für radioaktive Abfälle (Volumen- und Aktivitätsbilanz) ein. Die Kosten für die zentrale Erfassung und Endlagerung tragen die Abfallieferer.

Zur Durchführung der zentralen Erfassung schließen die Abfallieferer auf der Grundlage von [2] mit dem Endlager Wirtschaftsverträge ab. Als Erfassungsarten können der Transport mit Spezialgroßcontainern über die Eisenbahn (vorgesehen für Kernkraftwerke und Großanwender), die Erfassung mittels LKW beim Abfallieferer sowie die Selbstanlieferung im Endlager vereinbart werden. In Tab. 3 sind die auf der Basis der TGL 190-921 z. Zt. vom Endlager erfaßten Abfallarten/Strahlenschutzgruppen dargestellt:

– feste Abfälle (A1/S1, S2) werden gemäß Blatt 2 der TGL erfaßt. Für mittelaktive Abfälle (S3 ... S5) befindet sich eine Technologie in Erprobung.
– Flüssig-wäßrige Abfälle (A1/S1, S2) werden gemäß Blatt 3 und 4 der TGL erfaßt. Wegen der zu erwartenden Verschärfung der internationalen Transportempfehlungen werden keine Ausrüstungen für die Erfassung flüssiger mittelaktiver Abfälle entwickelt. Potentielle Abfallieferer haben diese Abfälle zu verfestigen.
– Umschlossene Strahlenquellen (A1/S1 ... S4) werden gemäß Blatt 5 der TGL erfaßt. Für umschlossene Strahlenquellen (S5) befindet sich eine Technologie in Vorbereitung.
– Sonderabfälle (A4) sind von den Abfallieferern in die Abfallart A1 zu überführen. Vorschläge für Bearbeitungsverfahren, die auch unter einfachen Bedingungen angewandt werden können, enthält der Report SAAS-308 [10].
– Für die Erfassung und Endlagerung hochaktiver Abfälle (S6) besteht gegenwärtig keine Notwendigkeit.

Tab. 3. Erfassungstechnik für radioaktive Abfälle

Abfallart / Str. sch. gruppe	feste Abfälle A1	flüssige Abfälle A2	umschl. Str.-quellen A3	Sonderabfälle A4
S1	Technik seit 1981 im Einsatz	Technik seit 1981 im Einsatz	Technik seit 1981 im Einsatz	Umwandlung in A1 durch die Abfallieferer
S2	Technik seit 1981 im Einsatz	Technik seit 1981 im Einsatz	Technik seit 1981 im Einsatz	
S3	Technik in Vorbereitung	z. Zeit nicht erforderlich	Technik seit 1981 im Einsatz	
S4	Technik in Vorbereitung	z. Zeit nicht erforderlich	Technik seit 1981 im Einsatz	
S5	Technik in Vorbereitung	z. Zeit nicht erforderlich	Technik in Vorbereitung	z. Zeit nicht erforderlich
S6	z. Zeit nicht erforderlich	z. Zeit nicht erforderlich	z. Zeit nicht erforderlich	z. Zeit nicht erforderlich

Technik seit 1981 im Einsatz
Technik in Vorbereitung
z. Zeit nicht erforderlich

5. Strahlenschutz-Genehmigungsverfahren

Die zentrale Erfassung und Endlagerung radioaktiver Abfälle ist prinzipiell genehmigungspflichtig. Es wird jedoch kein gesondertes Genehmigungsverfahren durchgeführt, da die Angaben über radioaktive Abfälle Bestandteil der Dokumentationen sind, die für die Beantragung von Strahlenschutz-Genehmigungen zum Betrieb von Kernanlagen, zum Umgang mit radioaktiven Stoffen und zum Betrieb von Strahleneinrichtungen, die umschlossene Strahlenquellen enthalten, beim SAAS vorzulegen sind.

5.1. *Zustimmung zum Standort*

Die Antragsteller/künftige Abfallieferer sollen so früh wie möglich die notwendigen Maßnahmen auf dem Gebiet der radioaktiven Abfälle einleiten. Für die Zustimmung zum Standort ist das *Grundkonzept* für die Sammlung, Bearbeitung, Zwischenlagerung und Übergabe radioaktiver Abfälle zur zentralen Erfassung unter Beachtung der gültigen Rechtsvorschriften vorzulegen, welche im weiteren Bearbeitungsablauf die Grundlage für die Projektierung darstellen.

5.2. *Zustimmung zur Errichtung/Vorbereitung und Durchführung von Investitionen*

In dieser Phase ist vom Antragsteller die *Dokumentation* über radioaktive Abfälle mit den Punkten

– Angaben über Aufkommen (Klassifizierung nach Abfallarten und Strahlenschutzgruppen) und Eigenschaften radioaktiver Abfälle
– Beschreibung der technischen Anlagen für die Sammlung, Bearbeitung, Zwischenlagerung und Übergabe zur zentralen Erfassung
– Angaben über Sicherungsmaßnahmen und zur Nachweisführung (Ausgangskontrolle)
– Nachweis, daß die Abfälle keine nutzbaren Sekundärrohstoffe enthalten
– Nachweis, daß die Erfassung dieser radioaktiven Stoffe gemäß TGL 190-921 möglich ist,

dem SAAS zu übergeben. Von besonderer Bedeutung ist der letztgenannte Nachweis. Dazu hat der Abfallieferer eine vom Endlager gegengezeichnete Aktennotiz vorzulegen. Läßt sich keine Übereinstimmung mit der TGL er-

[2]) Anschrift des Endlagers: VE Kombinat Kernkraftwerke „Bruno Leuschner" Greifswald, Betriebsteil Endlager für radioaktive Abfälle, 3241 Morsleben

zielen, wie z.B. beim Auftreten neuer Abfallarten, so ist unverzüglich eine Konsultation mit dem SAAS erforderlich, das unter Einbeziehung des Abfallieferers und des Endlagers die notwendigen Festlegungen trifft.

5.3. *Zustimmung zur Inbetriebnahme/ Genehmigungen zum Umgang mit radioaktiven Stoffen und Betrieb von Strahleneinrichtungen*

Als Voraussetzung für die Genehmigungserteilung hat der Abfallieferer den *Wirtschaftsvertrag* über die Erfassung radioaktiver Abfälle vorzulegen.

5.4. *Stillegung*

Für die Stillegung von Kernanlagen und die Beendigung des Umgangs mit radioaktiven Stoffen sowie des Betriebs von Strahleneinrichtungen ist eine Aufstellung über die in den Einrichtungen enthaltenen radioaktiven Abfälle und über Maßnahmen zur zentralen Erfassung auszuarbeiten.

5.5. *Strahlenschutz-Genehmigungen ohne Unterteilung in Etappen*

Bei der Beantragung von Strahlenschutz-Genehmigungen, die nicht in Etappen unterteilt sind, ist nur die *Dokumentation* zu radioaktiven Abfällen gemäß Pkt. 5.2. vorzulegen. Im vereinfachten Verfahren wird der Wirtschaftsvertrag zur Erfassung direkt bei der Übernahme der radioaktiven Abfälle abgeschlossen.

5.6. *Veränderungen, Ausnahmen, Übergangsregelungen*

Bei signifikanten Änderungen des Aufkommens und der Eigenschaften der radioaktiven Abfälle ist beim SAAS eine Änderung der Strahlenschutzgenehmigung zu beantragen. In begründeten Fällen können Ausnahmen zu den Rechtsvorschriften über radioaktive Abfälle beantragt werden.

Zur vollständigen Durchsetzung der Rechtsvorschriften hatten Abfallieferer, die eine Strahlenschutz-Genehmigung besitzen, bis zum 30. 6. 1983 die im Abschnitt 5.2. und 5.3. genannten Angaben und Nachweise zwecks Ergänzung ihrer Genehmigung beim SAAS einzureichen.

6. Ausblick

Mit dem Inkrafttreten der Anordnung über die zentrale Erfassung und Endlagerung radioaktiver Abfälle und der weiteren Rechtsvorschriften wurde eine wichtige Aufgabe des Strahlenschutzes erfüllt. Wegen der unterschiedlichen Bedingungen bei den Abfallieferern, der Verschiedenheit der Eigenschaften radioaktiver Abfälle und beim Entstehen neuer Abfallarten können Probleme und Aufgaben auftreten, die gemeinsam mit den beteiligten Institutionen zu lösen sind.

Eingegangen am 30. 3. 1983

W. Körner
Staatliches Amt für Atomsicherheit und Strahlenschutz
DDR-1157 Berlin, Waldowallee 117

Literatur

[1] Anordnung über die zentrale Erfassung und Endlagerung radioaktiver Abfälle vom 11. Mai 1981, GBl. I Nr. 16 S. 224
[2] Anordnung über die Allgemeinen Leistungsbedingungen für die zentrale Erfassung und Endlagerung radioaktiver Abfälle vom 4. September 1981, GBl. SD Nr. 1073
[3] VE Kombinat Kernkraftwerke „Bruno Leuschner" Greifswald TGL 190-921, Blatt 1 ... 5. Fachbereichsstandard Zentrale Erfassung radioaktiver Abfälle
[4] Anordnung Nr. Pr. 368 über Preise für die Erfassung und Endlagerung radioaktiver Abfälle aus der Anwendung und Produktion von Radionukliden vom 10. April 1981, GBl. SD Nr. 1067
[5] *W. Körner, H. Loos*, Report SAAS-288, Die Anordnung über die zentrale Erfassung und Endlagerung radioaktiver Abfälle – eine neue Rechtsvorschrift des Strahlenschutzes in der DDR
[6] IAEA – TECDOC – 264. Radioactive Waste Management Glossary. Vienna: IAEA 1982
[7] Anordnung über den Transport radioaktiver Stoffe – ATRS – vom 12. April 1978, GBl. SD Nr. 953
[8] Landeskulturgesetz vom 14. Mai 1970, GBl. I Nr. 12 S. 67
[9] *K. Runge* u. a., Kernenergie 24 (1981) 329
[10] *W. Körner, C. Herzog*, Report SAAS-308, Verfahren zur Bearbeitung radioaktiver Sonderabfälle

Isotopenpraxis 20 (1984) 1, S. 37 bis 38

Tagungsberichte

XIII. Internationales Symposium „Autoradiographie" in Tàbor, ČSSR, vom 2. bis 5. Mai 1983

Die Tschechoslowakische Wissenschaftlich-technische Gemeinschaft (CSVTS) veranstaltete gemeinsam mit dem Staatlichen Forschungsinstitut für Werkstoffe Prag vom 2. bis 5. Mai 1983 in Tàbor das XIII. Internationale Symposium „Autoradiographie".

An dem Symposium nahmen Fachwissenschaftler aus der UdSSR, der ČSSR, der VR Polen, der Ungarischen VR und der DDR teil. Es wurden insgesamt 38 Vorträge gehalten. Hauptanliegen der internationalen Symposien über Autoradiographie, die in etwa anderthalbjähriger Folge von wissenschaftlichen Einrichtungen der ČSSR, der DDR, der VR Polen und der Ungarischen VR veranstaltet werden, ist die unmittelbare gegenseitige Information über neueste methodische Entwicklungen und über neue Anwendungen autoradiographischer Verfahren auf volkswirtschaftlichen Schwerpunktgebieten und in der Forschung.

Das umfangreiche Vortragsprogramm umfaßte vier Themenkomplexe:

- Theoretische und technische Probleme der Autoradiographie mit Photoemulsion und Festkörperspurdetektor,
- Quantitative Autoradiographie,
- Auswertung von Autoradiogrammen (Methoden und Geräte) und
- Anwendung der Autoradiographie in Forschung und Industrie.

Die Verwendung von Festkörperspurdetektoren (FSD) für die Autoradiographie und die induzierte Autoradiographie hat wesentlich zugenommen. Allein 16 Vorträge befaßten sich mit diesem Problemkreis und stellten sowohl interessante methodische Fortschritte als auch neue Anwendungsgebiete und -probleme vor. *Varga* und *Hunyadi* (UVR) berichteten in zwei Vorträgen über die Empfindlichkeit von Negativ- und Positiv-Resists und von Gelatineschichten gegenüber Elektronen, Protonen und Alphateilchen. Diese Schichten sind gekennzeichnet durch ein sehr hohes laterales Auflösungsvermögen (<1 μm) bei einer Fluenz von 10^{13} bis 10^{15} Teilchen/cm². Das seit einigen Jahren bekannte FSD-Material CR-39 wurde hinsichtlich seiner Eigenschaften und Herstellungsmöglichkeiten weiter untersucht. *Somogyi* u. a. (UVR) berichteten über Herstellung und Detektionseigenschaften von in der Ungarischen Volksrepublik produziertem CR-39. Über den Einsatz dieses CR-39 für die Radiographie sprach *Hunyadi* u. a. (UVR). Weitere prinzipielle Untersuchungen am FSD-Material Cellulosenitrat stellte *Lück* (DDR) vor.

Neben der neutroneninduzierten Autoradiographie hat die konventionelle und nichtkonventionelle Autoradiographie nach Aktivierung mit geladenen Teilchen an Bedeutung gewonnen. Insbesondere durch sowjetische Arbeiten (*Gusakov* u. a., *Artemenkov* u. a.; UdSSR) wurde gezeigt, daß durch Auswahl optimaler Bedingungen für die Durchführung der induzierten Autoradiographie die selektive Bestimmung von Elementen niedriger Ordnungszahl in den meisten Matrices mit hoher Empfindlichkeit realisierbar ist. Hierzu gehört die autoradiographische Bestimmung solcher Elemente wie Li, B, C, N, O, Na, Si und P.

Ein besonderer Schwerpunkt bei der Nutzung der FSD-Technik ist die Bor-Verteilungsanalytik mittels NIAR. Übereinstimmend fanden *Koscis* (UVR) und *Weiße* u. a. (DDR) als derzeitige untere Nachweisgrenze für Bor in Silizium 1 ... 5 · 10^{17} Atome B/cm³ für die FSD Makrofol E, LR115 und CA80-15. Beachtung fanden Untersuchungen zur NIAR mittels einer ^{252}Cf-Neutronenquelle (*Freyer* u. a., DDR; *Weiße* u. a., DDR) die in reaktorfernen Analytik-Labors sehr empfindlich zerstörungsfreie B-Verteilungsuntersuchungen erlaubt.

Gončarov u. a. (UdSSR) erreichten mit Acetobutyrat-Cellulose als FSD eine untere Nachweisgrenze für Bor in SiC-Einkristallen von 9 · 10^{15} Atome B/cm³. Weitere interessante Anwendungsbeispiele für die NIAR von Bor betrafen die Untersuchung des Rekristallisationsverhaltens in austenitischem Stahl (*Firganek*, VRP) und die Optimierung einzelner Prozeßstufen beim Hartlötprozeß von Hochtemperatur-Ni-Basislegierungen (*Myšák*, ČSSR).

Fortschritte auf dem Gebiet der N-Analytik mittels NIAR konnten durch den Einsatz von CR-39 (*Somogyi, Varga, Freyer, Treutler*; UVR, DDR) und Acetobutyrat-Cellulose (*Gusakov* u. a., UdSSR) erreicht werden.

Erwähnt werden sollen auch weitere interessante Anwendungen der FSD-Autoradiographie wie die Nuklididentifizierung in Gesteinsproben (*Medvecky*, UVR), die Darstellung von ^{3}He-Verteilungen in Si (*Artemenkov*, UdSSR), Methoden der Radiographie mit geladenen Teilchen (*Somogyi* u. a., UVR), die Untersuchung von Alphaaktivitätsverteilungen in Umweltproben (*Hunyadi* u. a., UVR) und die Qualitätskontrolle von Kernbrennstofftabletten (*Jampolskij* u. a., UdSSR). Deutlich erkennbar war die Tendenz, die Halogensilberautoradiographie hinsichtlich ihrer quantitativen Aussagegenauigkeit weiter zu entwikkeln. *Wilczynski* (VRP) berichtete über theoretische Modellierungen der Wirkung „idealer" radioaktiver Punktquellen als Funktion ihrer Tiefenlage. *Treutler* u. a. (DDR) und *Kowalczyk* u. a. (VRP) stellten Konzeptionen und Realisierungen aktivierbarer Standards für Phsophor in Silizium und Cer in Aluminium vor.

Probleme bereitet nach wie vor die exakte Standardisierung von Tritium-Autoradiogrammen (*Jokš* u. a., ČSSR).

Fragen der quantitativen Eichung autoradiographischer Verfahren mit praxisnahen Standards werden in allen Autoradiographielabors bearbeitet. Erste Ergebnisse wurden auch für FSD-Autoradiogramme von Alpha-Aktivitätsverteilungen mittels automatischer Bildanalysatoren (*Goleniščev* u. a., UdSSR) erreicht.

Für die quantitative Auswertung von Autoradiogrammen ist international der Trend zum Einsatz bzw. zur Entwicklung von Geräten unter Nutzung von Mikro- oder Minirechnern einschließlich entsprechender mathematisch-statistischer Auswertevorschriften erkennbar.

Radwan u. a. (VRP) stellte ein Verfahren zur statistischen Bewertung der Homogenität von Substanzverteilungen in Autoradiogrammen von Legierungen vor. Über automatisierte Autoradiogrammauswertesysteme mit Fernsehabtastung berichteten *Goleniščev* und *Jampolskij* (UdSSR) sowie *Birkholz* u. a. (DDR). *Somogyi* u. a. (UVR) beschreiben das mikrorechnergesteuerte Gerät mit CCD-Zeilenabtastung zur automatischen Spurzählung und -vermessung „Digitrack". Ergebnisse der quantitativen Autoradiogrammauswertung mit dem „Densitron 3" zur Bewertung von Mischvorgängen bei der Herstellung von Kohleelektroden (*Wagner*, DDR) und bei der autoradiographischen Abbildung von Poren in Beton (*Baumbach*, DDR) zeigten die neue Qualität von Tracerexperimentbewertungen mittels Bildanalysatoren.

In 14 Vorträgen wurde über praktische Anwendungen der Halogensilberautoradiographie berichtet. Schwerpunkte waren dabei die Halbleitertechnik, die Werkstoffentwicklung, die Metallurgie sowie biowissenschaftliche Fragestellungen. Neben den bereits erwähnten Beiträgen sei hier auf den Vortrag von *Szili* (UVR) zu Verschleißuntersuchungen an Werkzeugen für die Plastverarbeitung hingewiesen. Weitere Anwendungen betrafen die Bestimmung der Homogenität von Gold in Silizium (*Janů*, ČSSR), die Aufnahme von Verunreinigungsverteilungen in synthetischem Quartz (*Jurisch*, DDR), Diffusionsuntersuchungen im System Wolfram-Nickel (*Bartha*, UVR), die Verteilung von Sb im System Al-Sb und Cu-Sb (*Gibas*, VRP), die quantitative Bestimmung von Kohlenstoffgehalten in Austenit und Ferrit (*Dehnke* u. a., DDR) und die Anwendung der Autoradiographie bei daktyloskopischen Gutachten (*Stverak* u. a., ČSSR).

In einigen biologisch-medizinischen Beiträgen zur Anwendung autoradiographischer Verfahren wurden im Rahmen von Untersuchungen zur Photosynthese in Algen (*Desortova*, ČSSR), zur ^{45}Ca-Speicherung im Femur (*Mysák*, ČSSR), zum ^{3}H-Thymidin-Markierungsindex in Karzinomgewebe (*Theuring*, DDR) und zur Verteilung von ^{58}Co-Aerosolen in Lungengewebe (*Hölzer*, DDR) Grundlagenprobleme der medizinischen Forschung und des Strahlenschutzes behandelt.

Ein Dank gilt den Veranstaltern, die durch eine sehr gute Organisation des Symposiums wesentlich zu seinem erfolgreichen Verlauf beitrugen.

K. Freyer/H. C. Treutler

Eingegangen am 11. 7. 1983

Isotopenpraxis 20 (1984) 1, S. 39 bis 40

Buchbesprechungen

BI-Taschenlexikon Radioaktivität

J. Leonhardt (Hrsg.). Leipzig; VEB Bibliographisches Institut 1982. 344 S., 140 Abb., 16 Tafeln, 42 Tab.; geb. M 15,–

Die Entdeckung der natürlichen und künstlichen Radioaktivität sowie der künstlichen Kernspaltung hat nicht nur unsere Vorstellungen vom Bau der stofflichen Materie entscheidend geprägt, sondern den Zugang zu den nuklearen Strahlungs- und Energiequellen weit geöffnet. Heute haben radiometrische Untersuchungsmethoden und Verfahren Eingang in alle Gebiete der Naturwissenschaften, Technik und Medizin gefunden. Die Zahl der Anwendungsmöglichkeiten radioaktiver Nuklide ist unübersehbar. Andererseits verbinden gegenwärtig Millionen von Menschen angesichts der Gefahren eines nuklearen Krieges mit dem Naturphänomen „Radioaktivität" Fragen der menschlichen Existenz überhaupt. Es ist daher sehr zu begrüßen, daß sich der VEB Bibliographisches Institut Leipzig zur Befriedigung des gestiegenen Informationsbedürfnisses entschlossen hat, die beliebte Reihe der BI-Taschenlexika durch einen Band „Radioaktivität" zu ergänzen.

Für die Gestaltung dieses Wissensspeichers wurde ein Kollektiv namhafter Wissenschaftler des Zentralinstitutes für Isotopen- und Strahlenforschung der Akademie der Wissenschaften der DDR gewonnen.

Auf knapp 350 Seiten wird unter mehr als 1200 Lexikonstichwörtern eine gewaltige Menge an Wissen über die heutigen Erkenntnisse auf dem Gebiet der Radioaktivität dargestellt. Alle wichtigen Teilgebiete sind hinreichend berücksichtigt: Physikalische und chemische Grundlagen; Herstellung und Eigenschaften radioaktiver Nuklide; Wechselwirkung Strahlung—Stoff; Messung ionisierender Strahlung; Nukleare Analysenverfahren; Tracertechnik; Strahlentechnik; Anwendung radioaktiver Nuklide; Dosimetrie; Strahlenschutz.

Neben dem Lob, das man dem Autorenkollektiv für die umfangreiche und nützliche Arbeit aussprechen muß, bleiben nach der Durchsicht jedoch auch einige Eindrücke zurück, die Anlaß zu Kritik sind. Bei einer sorgfältigeren Überarbeitung, Homogenisierung und Koordination der vielen Einzelbeiträge hätten sich manche Ungenauigkeiten, unpräzise Formulierungen und unterlaufene Fehler gewiß vorn vornherein vermeiden lassen. Dem Fachmann wird es zwar kaum Schwierigkeiten bereiten, nicht ganz „astreine" Aussagen als solche zu identifizieren, aber ein Lexikon soll in erster Linie die Fragen breiter Leserkreise, insbesondere der lernenden und studierenden Jugend exakt und prägnant beantworten. In zahlreichen Einzelfragen (Definitionen, Bezeichnungen, Symbolik) wird die Übereinstimmung mit den Empfehlungen internationaler Gremien (IUPAC, IUPAP, ICRU, ICRP) vermißt.

Beispiele: Begriffe wie Nuklid (S. 204, keine Kern- sondern Atomart); elastische und inelastische Streuung (S. 292); Absorption und Schwächung (S. 10) werden nicht klar genug gebracht.

Der Gebrauch des Termininus „Isotop" (Singular) sollte vermieden werden. Es wird laufend von Atomgewicht gesprochen, obwohl dafür der Ausdruck „relative Atommasse" eingeführt wurde (S. 29). Generell unbefriedigend ist die Bezeichnung der Formelzeichen (nicht TGL-gerecht). Beispiele: V für Geschwindigkeit, elektrisches Potential und elektrische Spannung; m und M für Masse; φ und Φ für Teilchenfluß (richtig: Teilchenflußdichte).

In den einleitenden Hinweisen wird auf die Benutzung des SI (nicht SI-System!) verwiesen. Leider ist dieser Vorsatz nicht durchgängig spürbar. Beispiele: Veraltete Schreibweise physikalischer Gleichungen (S. 182, 183, 343) oder von Größen wie etwa 10^{15} At · B · cm^{-3} (S. 38, für Anzahldichte von Boratomen!).

Schwerer als diese kleinen Unkorrektheiten wiegen dagegen Mängel, die beim Laien fehlerhafte Vorstellungen nähren könnten. Beispiele: Bremsstrahlung ist keine Gammastrahlung (S. 53); Betastrahlung ist nicht monoenergetisch (S. 242); bei der β^--Umwandlung wird ein Antineutrino und bei der β^+-Umwandlung ein Neutrino emittiert (S. 47); Betastrahlung schirmt man primär nicht mit Materialien hoher Ordnungszahl ab (S. 9); Festkörperspurdetektoren können nicht zum Nachweis von γ-Strahlung verwendet werden (S. 201); $h(\nu_0 - \nu)$ beim *Compton*-effekt ist keine Impulsänderung Δp (S. 60).

Es wäre indes ungerecht, wollte man über diesen Einwänden den positiven Gesamteindruck übersehen. Mögen die kritischen Hinweise vielmehr als Anregung für die Gestaltung von Nach- oder Neuauflagen verstanden werden. Das Taschenlexikon stellt, wenngleich es einige Wünsche offen läßt, eine ergiebige und wertvolle Fundgrube für jedermann dar, der sich schnell über grundlegende Fragen der Radioaktivität und die vielfältigen Anwendungsmöglichkeiten radioaktiver Nuklide informieren möchte.

W. Stolz

Strahlenphysik, Dosimetrie und Strahlenschutz

W. Petzold. Stuttgart: B. G. Teubner 1983. 208 S., 91 Abb., 27 Tab., 15 Bsp., zahlr. Zit. v. Gesetzen/Verordnungen/Normen, 20 Lit.: kart. DM 24,80

Wissenschaftler, Techniker, medizinisch-technische Assistenten, Laboranten usw., die bei ihrer beruflichen Tätigkeit in Forschung, Lehre, Industrie, Landwirtschaft und Medizin mit radioaktiven Stoffen umgehen oder an Strahlungseinrichtungen beschäftigt sind, müssen heute über ein umfassendes Grundwissen auf dem Gebiet des Strahlenschutzes verfügen. Um sich dieses während der Ausbildung oder auch noch danach aneignen zu können, ist nicht zuletzt die Bereitstellung geeigneter Literatur erforderlich. Das vorliegende Werk unterstützt dieses Anliegen in vorzüglicher Weise.

In konzentrierter Form — mit besonderer Hervorhebung spezifisch wichtiger Sachverhalte — ist es dem Autor gelungen, durch geschickte Darlegung der physikalischen Grundlagen der Radioaktivität und der Röntgenstrahlererzeugung Verständnis für die Prozesse der Wechrselwirkung von Strahlung mit Materie zu entwickeln. Darauf aufbauend werden die Erfordernisse der Dosimetrie abgeleitet. Die notwendigen physikalischen Größen, die man beim praktischen Strahlenschutz kennen muß, werden sowohl im modernen Internationalen Einheitensystem (SI) als auch in den leider doch noch häufig benutzten alten Versionen erläutert, so daß der exakte Umgang mit den Größen gewährleistet werden kann. In dem Abschnitt „Dosimetrie“ werden außerdem ausführlich die Meßgeräte und -möglichkeiten zum Nachweis und zur Registrierung ionisierender Strahlung vorgestellt, die für die Gewährleistung und Kontrolle des Strahlenschutzes wichtig sind. Weiterhin werden die Grundlagen zur Berechnung der Ortsdosis in der Umgebung von Quellen ionisierender Strahlung dargelegt. Dabei — wie auch bei der Erläuterung anderer Formeln — wird durch die Anlehnung an ausgewählte Fälle dem Leser geholfen, die Bearbeitung eigener Berechnungen fehlerfrei zu gestalten.

In dem Abschnitt „Strahlenschutz“ behandelt der Autor die bisher bekannten schädigenden Wirkungen der ionisierenden Strahlung auf den Menschen. Es werden die Ereignisse dargelegt, bei denen wir heute mehr oder weniger intensiv einer Strahlenbelastung ausgesetzt werden, und die grundlegenden gesetzlichen Verordnungen der BRD besprochen, die aus gegenwärtiger Sicht (auch international) bei ihrer Beachtung ausreichend Schutz vor der schädigenden Wirkung der ionisierenden Strahlung gewährleisten. Dabei werden auch Hinweise und Berechnungsgrundlagen für den praktischen Strahlenschutz gegeben (Aufenthaltszeit, Abstand, Schutzwände).

In den abschließenden Abschnitten gibt der Autor noch einige Ergänzungen, die für spezielle Aufgaben und Bearbeitungen nützlich sind, u. a. Hinweise für den Transport radioaktiver Materialien.

Durch die Zitierung ergänzender Literatur mit der Orientierung auf spezielle Standardwerke der Dosimetrie und des Strahlenschutzes (in deutscher Sprache) sowie durch Auflistung der gesetzlichen Bestimmungen und Normen der BRD wird dem Besitzer der Broschüre bei der Auswahl und der Auffindung der für einen gegebenen Anwendungsfall erforderlichen Unterlagen optimal geholfen.

Durch ihre Form und ihren Inhalt bietet die Broschüre ein vorzügliches Mittel, die nicht unkomplizierten Fragen des Strahlenschutzes in ihren Grundlagen besser kennenzulernen und die lösbaren Aufgaben des Strahlenschutzes in der Praxis besser durchzusetzen. Nicht zuletzt sollte sie in die Hand jedes Strahlenschutzbeauftragten gehören.

H. W. Schulze

Nukleare Entsorgung
Nuclear Fuel Cycle, Band 1

Hrsg. von F. Baumgärtner, K. Ebert, E. Gelfort u. K. H. Lieser. Weinheim/Deerfield Beach/Florida/Basel: Verlag Chemie 1981. 318 S., 113 Abb., 45 Tab.; Kunststoffeinband DM 108,—

Der erschienene 1. Band dieser Buchreihe beinhaltet Beiträge zu unterschiedlichen Problemkreisen der nuklearen Entsorgung. Der Konzeption entsprechend wird kein Anspruch auf eine umfassende Darstellung des gesamten wissenschaftlich-technischen Arbeitsgebietes der nuklearen Entsorgung erhoben, vielmehr wird der gegenwärtige Bearbeitungsstand zu einigen aktuellen Problemen beschrieben. Hervorzuheben ist die in den Beiträgen gewählte Form, neben einer einführenden klaren Darstellung der Problematik auch Hinweise über die Entwicklung des Gebietes und Ergebnisse, die außerhalb der BRD erarbeitet worden sind, zu geben. Damit wird das informative Element durch eine lehrende Komponente ergänzt.

In einer Reihe von Beiträgen werden Ergebnisse von Untersuchungen zur Abtrennung des in wäßrigen Produkt- und Raffinatströmen des Purexprozesses noch enthaltenen Tributylphosphates und dessen Radiolyseprodukte vorgestellt und Vorschläge für eine verfahrenstechnische Optimierung des Extraktionsprozesses unterbreitet. In einem zweiten Problemkreis werden das chemische Verhalten von Tc und Np bei der U/Pu-Extraktion und Varianten der Abtrennung von Radiojod aus Brennstofflösungen diskutiert.

Einen breiten Rahmen nimmt die Diskussion der Möglichkeiten der trockenen Zwischenlagerung ausgebrannter Brennelemente ein. Hierbei werden insbesondere Fragen der Sicherheit gegenüber radioaktiven Freisetzungen behandelt und vergleichende Betrachtungen zur Brennelementenaßlagerung angestellt.

Zur Abfallproblematik werden u. a. Ergebnisse über die radiolytische Freisetzung von Wasserstoff aus bituminisierten bzw. zementierten radioaktiven Abfällen und der Abtrennung von Pu aus Pu-kontaminierten Abfällen dargestellt.

Der fachliche Inhalt wird durch Arbeiten zum elektrochemischen Verhalten von Hafnium in salpetersauren und Purex-Prozeßlösungen ergänzt und durch einen Beitrag über Einsatzmöglichkeiten von Zentrifugalextraktoren in der Kerntechnik und Beschreibung der Vor- und Nachteile gegenüber anderen Extraktoren vervollständigt.

Abschließend sei auf die Vielfalt der Probleme der nuklearen Entsorgung, und damit verbunden, auf den interdisziplinären Charakter der Forschung auf diesem Fachgebiet, verwiesen. Entsprechend groß dürfte auch der Interessentenkreis für diese Schriftenreihe sein, die den auf diesem Gebiet tätigen Wissenschaftlern und Technikern zur Verfügung stehen sollte.

M. Rösseler

Metalle — zwischen Mangel und Überfluß

Redakt.: H. Kutzer. Düsseldorf: Handelsblatt GmbH 1981 110 S. (Handelsblatt-Schriftenreihe) brosch. DM 19,90

Den Verbrauchszahlen nicht nur der metallischen Werkstoffe und ihrer Entwicklung wird in den letzten Jahren ebenso wie der Verfügbarkeit der jeweiligen Rohstoffe große Beachtung geschenkt. Es ist daher verständlich, daß eine zusammengefaßte Übersicht derartiger Angaben auf neuester Grundlage in Fachkreisen erfreut aufgenommen wird.

Die vorliegende Broschüre ist — von Asbest abgesehen — den metallischen Werkstoffen gewidmet. Ausführlich behandelt werden die Buntmetalle Aluminium, Kupfer, Zink, Blei, Nickel und Zinn und die hier als „sensible“ Metalle bezeichneten Uranium, Kobalt, Mangan, Molybdän, Vanadium, Chrom, Titan und Zirkonium. In gedrängterer Form erfolgen entsprechende Aussagen zu den Edelmetallen Gold, Silber, Platin und Rhodium.

Weitestgehend einheitlich werden für jedes aufgenommene Metall zunächst dessen Haupteigenschaften und -einsatzgebiete umrissen, die zur Zeit bekannten Vorräte sowie Bergwerks- und Metallproduktionszahlen und der Verbrauch genannt. Weitere Angaben beziehen sich auf das Recycling, die Preise, speziell die Situation in der Bundesrepublik Deutschland und die Trends.

Viele Übersichten sind tabellarisch und in Form von Diagrammen gegeben.

J. Holzhey

ISOTOPENPRAXIS

Volume 20 | 1984 | Number 1

Contents

Progress Reports

G. Reinhard: Use of the Radiotracer Technique in Corrosion Research. Part III: About the Correlation between Water and its Components on Metallic Surfaces 1
7 Fig., 1 Tab., 82 Ref.

Articles

A. Cecal: Application of Isotope Dilution for Investigation of Corrosion Processes in Metals 9
1 Fig., 1 Tab., 35 Ref.

J. Komosiński, M. Radwan: Surface Activation for Wear Investigation of Precise Elements (*in English*) 12
9 Fig., – Tab., 8 Ref.

L. Baranyai: Tracer Study of Simultaneous Homogenization and Segregation in Industrial Equipments (*in English*) 16
8 Fig., – Tab., 8 Ref.

W. Heyne: Laboratory Studies on the Recovery of Am Concentrate from PUREX Waste Solution 19
3 Fig., 1 Tab., 21 Ref.

H. Baumbach: Investigation of Moisture Migration in the Concrete of a Special Construction under Simulated Load Conditions (*in English*) 24
4 Fig., – Tab., 7 Ref.

A. I. M. Aly, M. A. Mohamed: Kinetic Study of ^{15}N-Isotopic Fractionation of Ammonium Fertilizers in Egyptian Soils (*in English*) 27
– Fig., 1 Tab., 17 Ref.

J. Schmidt, M. Remer: Practical Dosimetry for Gamma-Irradiation Plants 29
7 Fig., – Tab., 11 Ref.

From Practice

W. Koerner: New Legal Regulations on Nuclear Waste Handling and Disposal in the GDR 34
1 Fig., 3 Tab., 10 Ref.

Meetings 37

New Books 39

Inhalt

Fortschrittsberichte

G. Reinhard: Anwendung der Radiotracertechnik in der Korrosionsforschung. Teil III: Über Wechselwirkungen von Wasser und seinen Bestandteilen an Metalloberflächen 1
7 Abb., 1 Tab., 82 Lit.

Originalarbeiten

Al. Cecal: Anwendung der Isotopenverdünnung zur Untersuchung von Korrosionsprozessen in Metallen 9
1 Abb., 1 Tab., 35 Lit.

J. Komosiński, M. Radwan: Oberflächenaktivierung zur Verschleißuntersuchung bei Präzisionsteilen (*in Englisch*) 12
9 Abb., – Tab., 8 Lit.

L. Baranyai: Traceruntersuchungen zur gleichzeitigen Homogenisierung und Segregation in industriellen Ausrüstungen (*in Englisch*) 16
8 Abb., – Tab., 8 Lit.

W. Heyne: Laboruntersuchungen zur Gewinnung eines Am-Konzentrates aus PUREX-Raffinatlösung 19
3 Abb., 1 Tab., 21 Lit.

H. Baumbach: Untersuchungen der Feuchtigkeitsmigration im Beton eines speziellen Testgebäudes unter simulierten Lastbedingungen (*in Englisch*) 24
4 Abb., – Tab., 7 Lit.

A. I. M. Aly, M. A. Mohamed: Kinetische Untersuchung der ^{15}N-Isotopenfraktionierung von Ammonium-Düngemitteln in ägyptischen Böden (*in Englisch*) 27
– Abb., 1 Tab., 17 Lit.

J. Schmidt, M. Remer: Praktische Dosimetrie an Gamma-Bestrahlungsanlagen 29
7 Abb., – Tab., 11 Lit.

Aus der Praxis

W. Körner: Neue Rechtsvorschriften über die Erfassung und Endlagerung radioaktiver Abfälle in der DDR 34
1 Abb., 3 Tab., 10 Lit.

Tagungsberichte 37

Buchbesprechungen 39

Isotopenpraxis is indexed in Current Contents/PC & ES, Science Citation Index, and INIS Atomindex

Bei Fragen zur Produktsicherheit wenden Sie sich bitte an:
If you have any questions regarding product safety,
please contact:

Walter de Gruyter GmbH
Genthiner Straße 13
10785 Berlin
productsafety@degruyterbrill.com